"十二五"职业教育国家规划教材

经全国职业教育教材审定委员会审定

(全国电子信息类职业教育优秀教材一等奖)

电子CAD——Protel 99SE

第二版

缪晓中　主编

化学工业出版社

·北京·

本书根据电子 CAD 课程实践性强的特点，采用项目式教学方法，每章通过典型实例，以完成一个典型电路的电路图设计为主线，把相关知识点融入项目任务中，从而体现工程实践性，体现了"教、学、做"一体化的职业教育特色。

本书共 12 章，主要内容包括：电子 CAD 和 Protel 99SE 软件的基本概念，分立元件及模拟集成电路的原理图绘制方法，原理图元件的制作和编辑方法，单片微处理器及接口电路的较复杂原理图的绘制方法，层次原理图的绘制方法，PCB 元件管脚封装的创建和编辑方法，以贴片元件为主的 PCB 双面板手工布线设计等。同时，通过详细讲解印制电路板的整体制作过程，培养学生制作电路板的实践技能；对比 Protel 99SE 与 Altium Designer 的功能，介绍了 Altium Designer 软件的先进性；用 Altium Designer 软件完成了一个完整的温度测量控制板设计项目，使学生在掌握 Protel 99SE 的基础上，可以快速熟悉新一代电子 CAD 软件的基本使用方法；最后还给出了两套江苏省计算机辅助设计绘图员技能鉴定中级样题（电子类），用于训练提高学生的技能鉴定考证能力。

本书可作为高等职业技术学院电子技术、自动化技术、通信技术等相关专业教材，也可作为高等本科院校、中等专业学校教材，还可供相关工程技术人员参考。

图书在版编目(CIP)数据

电子 CAD——Protel 99SE/缪晓中主编. —2 版. —北京：化学工业出版社，2014.6（2025.2重印）
"十二五"职业教育国家规划教材
ISBN 978-7-122-20219-2

Ⅰ. ①电… Ⅱ. ①缪… Ⅲ. ①印刷电路-计算机辅助设计-应用软件-职业教育-教材 Ⅳ. ①TN410.2

中国版本图书馆 CIP 数据核字（2014）第 063035 号

责任编辑：王听讲　　　　　　　　　　文字编辑：云　雷
责任校对：陶燕华　　　　　　　　　　装帧设计：孙远博

出版发行：化学工业出版社（北京市东城区青年湖南街 13 号　邮政编码 100011）
印　　装：北京建宏印刷有限公司
787mm×1092mm　1/16　印张 16¾　字数 422 千字　2025 年 2 月北京第 2 版第 8 次印刷

购书咨询：010-64518888　　　　　　　售后服务：010-64518899
网　　址：http://www.cip.com.cn
凡购买本书，如有缺损质量问题，本社销售中心负责调换。

定　　价：45.00 元　　　　　　　　　　　　　　　　　　　　版权所有　违者必究

第二版前言

本书采用的电子 CAD 工具软件是 Altium 公司（前身为 Protel 国际有限公司）Protel 系列产品中 Protel 99SE 版本和后续的高端设计软件 Altium Designer 版本。Protel 99SE 继承了在其之前 Protel 版本的所有精华，它对系统要求不是很高，且操作相对要容易，所以从入门和提高的实际角度考虑，Protel 99SE 是最为合适的，也是目前被各不同层次院校以及企业广泛采用的一种电子 CAD 软件。

Altium Designer 是 Altium 公司继 Protel 系列产品（Protel 99，Protel 99SE，Protel DXP，Protel 2004）后的高端设计软件，较之以往产品增强了 FPGA 的功能。它将电子产品的板级设计、可编程逻辑设计和嵌入式设计开发融合在一起，可以在单一的设计环境中完成电子设计，通过 Altium Designer 软件和 NanoBoard 开发板的结合，使得开发测试更加快速、有效。同时，还集成了现代设计数据库管理功能，使得 Altium Designer 成为电子产品开发的完整解决方案，可谓是一个既满足当前，也满足未来开发需求的解决方案。

本书继承了第一版的优点，以项目式教学方法，通过完成工程实践中典型电路的电原理图、PCB 板图的顺序为主线，使学生清晰理解电路板设计制作的整个流程，掌握原理图绘制、原理图元件创建、PCB 板绘制、PCB 元件创建等重点内容，并养成良好的绘图习惯。另外，在第二版中紧跟电子技术和电子设计软件快速发展的特点，加强贴片元件在 PCB 绘图中的应用，以及 Altium 公司新一代电子设计解决方案 Altium Designer 软件的精简讲解，力争学生在掌握 Protel 99SE 版本基础上快速学习理解新一代电子设计软件。本书具有以下明显特色。

1. 继承了第一版的优点。本书第一版自 2009 年出版以来，全国许多高职院校都将其选用为学校教材，给于很高的评价，并于 2011 年被中国电子教育学会评选为全国第二届电子信息类优秀教材一等奖。

（1）以完成项目为主线，突出工程实践性。

每章以完成一个典型电路的电路图绘图设计为主线，把每章节知识点融入各项目完成的整个过程中，让学生体验知识的有效性和实用性，提高学习兴趣。书中许多项目都是作者在长期教学与科研工作中积累和实践过的项目，得到过实践的检验。因此，我们给出了许多项目的电路安装调试方法或者控制程序，有兴趣的学生在绘图之后，可以进行实际制作电路板与调试，从而体现很强的工程实践性。

（2）教材与实际项目相结合，同时又注意教材的理论性和科学性。

在教材内容上，我们按照电路图由简单到复杂的顺序，按照完成项目所需知识点的先后顺序，来安排教学内容，从而实现教材内容理论知识点安排的连贯性和科学性。如先安排分立元件及模拟集成电路的较简单原理图绘制，然后安排采用网络标号与总线方法的单片微处理器及接口电路的较复杂原理图的绘制，使学生能够由基础到提高，再到综合应用，切实锻炼实践动手能力。同时对软件内容的讲解和术语的表达力求科学、准确，使学生对整个 Protel 99SE 软件的结构和内容有一个系统的理解和掌握，为今后更好、更灵活地使用该软件提供理论基础。

(3) 以职业能力为导向，结合国家职业技能鉴定需要，使教材与实际考证相结合。

本书作者均多次参加计算机辅助设计（电子类）绘图员的培训工作，因此在教材编写时注重突出主要内容，摒弃过时、应用不多且难度较大的内容，重点帮助读者清晰理解电路板设计制作的整个流程，掌握关键技能。上机实训课题按照国家技能鉴定考题模式，贴近职业技能鉴定要求，并通过两套江苏省计算机辅助设计绘图员技能鉴定中级样题（电子类）训练，使读者达到计算机辅助设计（电子类）绘图员级水平。

2．紧跟电子技术的发展，加强贴片元件在 PCB 绘图中的应用，并与全国职业院校技能大赛相结合。

本版教材全面改写了第一版的第 8 章，参考全国电工电子类"电子产品装配与调试"技能大赛训练内容，采用以贴边元件为主的实例，加强贴片元件在 PCB 绘图中的应用。同时，增加了 PCB 实际布线规范和手动布线技法的内容，以便更好地训练学生与企业实际需求相适应的布线能力。

3．紧跟电子设计软件的发展，增加 Altium 公司新一代电子设计解决方案 Altium Designer 软件讲解，并与 Altium 公司上海总部在教材编写上展开校企合作。

近年来 Altium 公司推出了一些新的电子 CAD 软件，如 Protel DXP、Protel 2004、Altium Designer，其中 Altium Designer 软件是该公司今后主要发展方向。因此，本教材增加了第 10 章和第 11 章，对比其与 Protel 99SE 使用的区别与联系，通过采用 Altium Designer 软件完成一个完整的温度测量控制板设计项目，使学生在 Protel 99SE 的基础上，可以快速掌握新一代电子 CAD 软件的使用方法，为今后就业需要打好基础。在这些内容的编写上我们多次到 Altium 公司上海总部学习，得到了公司的大力支持，其公司技术骨干也参加了教材编写，并提供许多技术资料。

我们将为使用本书的教师免费提供电子教案和教学资源，需要者可以到化学工业出版社教学资源网站 http://www.cipedu.com.cn 免费下载使用。

本书由无锡职业技术学院缪晓中副教授主编，并负责编写了第 4 章、第 5 章、第 8 章、第 9 章、第 10 章；无锡科技职业技术学院武彩霞老师编写了第 1 章、第 2 章、第 12 章；无锡职业技术学院王波老师编写了第 3 章、第 6 章；江阴职业技术学院孙移老师编写了第 7 章；Altium 大中国区技术支持及产品市场部经理白杰编写了教材第 11 章，还有 Altium 大中国区院校合作部经理华文龙给我们提供了许多宝贵的技术资料。

由于编者水平有限，时间仓促，遗漏和不妥之处在所难免，敬请各位读者批评指正。如有与本书相关的问题，请发邮件到 yydz303@163.com。

编者

2014 年 4 月

第一版前言

　　电子线路 CAD 是高等职业技术学院电子类专业的一门重要的实践性课程。其任务是使学生掌握电子线路 CAD 的基本概念和基本操作技能，培养学生利用电子 CAD 的相关工具软件进行电子线路的原理图绘制，以及电路 PCB 板制作的技能。为今后从事电子技术的项目开发岗位或者电子 CAD 的专业绘图岗位打下基础。

　　本书采用的电子 CAD 工具软件是 Altium 公司的 Protel 系列产品中 Protel 99SE 版本。该版本是 Protel 99 的改进版本，它继承了以前版本的所有精华。Protel 99SE 对系统要求不是很高，且操作相对要容易。而 Protel 99 DXP 必须在 Win2000、WinXP 的操作系统下才能运行，且操作非常繁琐。所以从入门和提高的实际角度考虑，Protel 99SE 是目前最为合适的，也是目前被不同层次院校以及企业最广泛采用的一种电子 CAD 软件。

　　本书采用项目式教学方法，按完成工程实践中典型电路的电原理图、PCB 板图的顺序讲解，使学生清晰理解电路板设计制作的整个流程，掌握原理图绘制、原理图元件创建、PCB 板绘制、PCB 元件创建等重点内容，并养成良好的绘图习惯。本书还通过上机实训和技能鉴定样卷测试，帮助学生通过相关职业资格证书考试。

　　本书具有以下明显的特色。

　　1. 以完成项目为主线，突出工程实践性。每章以完成一个典型电路的电路图设计为主线，例如电压检测控制电路项目、OTL 功率放大器频响特性测试项目、基于单片机的直流电机 PWM 调速电路项目、全国大学生电子设计竞赛单片机系统控制板项目等，把每章节知识点融入各项目完成的整个过程中。让学生体验知识的有效性和实用性，提高学习兴趣。其中许多项目都是作者在长期教学与科研工作中积累和实践过的项目，得到了实践的检验。书中还给出了许多项目的电路安装调试方法或者控制程序，使有兴趣的学生在绘完图之后，还可以进行实际制作与调试，从而体现了很强的工程实践性。

　　2. 既突出教材与实际项目结合的鲜明实践性特点，又注意教材的理论性和科学性。在教材内容上，按照电路图由简单到复杂的顺序及完成项目所需知识点的先后顺序安排教学内容，从而实现教材内容的连贯性和科学性。如先安排分立元件及模拟集成电路的较简单原理图绘制，然后安排采用网络标号与总线方法的单片微处理器及接口电路的较复杂原理图的绘制，使学生能够由基础到提高，再到综合应用，切实锻炼实践动手能力。同时对软件内容的讲解和术语的表达力求科学、准确，使学生对整个 Protel 99SE 软件的结构和内容有一个系统的理解和掌握，为今后更好地使用该软件提供理论基础。

　　3. 以职业能力为导向，结合国家职业技能鉴定需要，使教材与实际考证相结合。本书作者均多次参加计算机辅助设计（电子类）绘图员的培训工作，因此在教材编写时注重突出主要内容，摒弃过时、应用不多且难度较大的内容，重点帮助读者清晰理解电路板设计制作的整个流程，掌握关键技能。上机实训课题按照国家技能鉴定考题模式，贴近职业技能鉴定要求，并通过江苏省计算机辅助设计绘图员技能鉴定两套中级样题（电子类）的训练，使读者达到计算机辅助设计（电子类）绘图员级水平。

本书由无锡职业技术学院缪晓中主编,并编写了第4章、第5章、第9章。江阴职业技术学院孙移编写了第7章、第8章、第10章,无锡科技职业学院武彩霞编写了第1章、第2章、第11章,无锡职业技术学院王波编写了第3章、第6章及附录。

本书将为教师提供电子教案,需要者可到化学工业出版社教学资源网站http://www.cipedu.com.cn免费下载使用。

由于作者水平有限,时间仓促,遗漏和不妥之处在所难免,敬请各位读者批评指正。

编者
2008年11月

目 录

第1章 Protel 99SE 概述 ... 1
- 1.1 电子CAD的基本概述 ... 1
- 1.2 Protel的发展 ... 1
- 1.3 安装Protel 99SE ... 3
  - 1.3.1 Protel 99SE的运行环境 ... 3
  - 1.3.2 Protel 99SE的安装与卸载 ... 3
- 1.4 Protel 99SE的功能模块 ... 5
- 1.5 Protel 99SE的设计环境 ... 5
- 1.6 Protel 99SE的文件管理 ... 9
- 1.7 Protel 99SE的设计组管理 ... 12
- 本章小结 ... 14
- 习题 ... 14

第2章 绘制电压检测控制电路原理图 ... 15
- 2.1 电路及任务分析 ... 15
  - 2.1.1 电路分析 ... 15
  - 2.1.2 任务分析 ... 16
- 2.2 原理图设计基础 ... 16
  - 2.2.1 原理图设计步骤 ... 16
  - 2.2.2 创建原理图文件 ... 16
  - 2.2.3 原理图编辑器简介 ... 17
  - 2.2.4 主菜单 ... 18
  - 2.2.5 工具栏 ... 19
  - 2.2.6 浏览管理器和资源管理器 ... 20
- 2.3 如何设置原理图图纸、网格、光标和文件信息 ... 21
  - 2.3.1 原理图图纸的设置方法 ... 21
  - 2.3.2 设置图纸大小 ... 21
  - 2.3.3 设置图纸的其他参数 ... 23
  - 2.3.4 设置网格和光标 ... 23
  - 2.3.5 设置文件信息 ... 24
  - 2.3.6 电压检测控制电路原理图图纸的设置 ... 25
- 2.4 如何放置元件 ... 25
  - 2.4.1 装卸元件库 ... 25
  - 2.4.2 查找元件 ... 26
  - 2.4.3 放置方法 ... 27
  - 2.4.4 设置元件属性 ... 28
  - 2.4.5 改变元件放置方向 ... 30
  - 2.4.6 电压检测控制电路原理图中元件的放置 ... 30
- 2.5 如何放置导线 ... 31
  - 2.5.1 放置导线 ... 31
  - 2.5.2 设置导线属性 ... 32
  - 2.5.3 电压检测控制电路原理图中导线的放置 ... 32

- 2.6 如何放置电源、接地元件和输入/输出端口 ·················· 32
  - 2.6.1 放置电源和接地元件 ·················· 32
  - 2.6.2 放置输入/输出端口 ·················· 33
- 2.7 如何编辑对象 ·················· 33
  - 2.7.1 选取对象和取消选取操作 ·················· 33
  - 2.7.2 删除对象 ·················· 34
  - 2.7.3 移动对象 ·················· 34
  - 2.7.4 对齐对象 ·················· 35
  - 2.7.5 撤销与恢复对象 ·················· 36
  - 2.7.6 复制、剪切和粘贴对象 ·················· 36
- 2.8 如何改变视窗操作 ·················· 36
  - 2.8.1 工作窗口的缩放 ·················· 36
  - 2.8.2 窗口的刷新 ·················· 37
- 2.9 上机实训 绘制555振荡器与积分器电路原理图 ·················· 37
- 本章小结 ·················· 38
- 习题 ·················· 38

第3章 数码管原理图元件库的制作 ·················· 40
- 3.1 创建原理图元件 ·················· 40
  - 3.1.1 新建原理图库文件 ·················· 40
  - 3.1.2 元件库编辑器简介 ·················· 41
  - 3.1.3 绘制原理图元件 ·················· 42
- 3.2 编辑原理图元件 ·················· 46
  - 3.2.1 在原理图元件库中直接修改元件引脚 ·················· 46
  - 3.2.2 快速绘制原理图元件 ·················· 47
  - 3.2.3 制作含有子元件的元件 ·················· 48
- 3.3 原理图元件库的调用 ·················· 49
- 3.4 上机实训 绘制变压器的原理图元件 ·················· 50
- 本章小结 ·················· 51
- 习题 ·················· 51

第4章 基于单片机的直流电机PWM调速电路原理图的绘制 ·················· 52
- 4.1 电路及任务分析 ·················· 52
  - 4.1.1 电路分析 ·················· 52
  - 4.1.2 任务分析 ·················· 52
- 4.2 原理图绘制 ·················· 54
- 4.3 添加网络标号和绘制总线 ·················· 55
  - 4.3.1 添加网络标号 ·················· 55
  - 4.3.2 绘制总线 ·················· 56
  - 4.3.3 绘制PWM调速电路的原理图 ·················· 57
- 4.4 电气规则测试 ·················· 58
  - 4.4.1 设置电气检测规则 ·················· 58
  - 4.4.2 电气规则检测 ·················· 60
- 4.5 生成报表文件 ·················· 61
  - 4.5.1 产生网络表 ·················· 61
  - 4.5.2 生成元件材料列表 ·················· 62
- 4.6 绘图工具 ·················· 64

  4.6.1 绘图工具 DrawingTools 功能 ·················· 64
  4.6.2 绘图工具使用方法 ·················· 64
 4.7 原理图的打印输出 ·················· 67
  4.7.1 用打印机输出 ·················· 67
  4.7.2 用绘图仪输出 ·················· 68
  4.7.3 与打印相关的一些操作方法 ·················· 68
 4.8 基于单片机的直流电机 PWM 调速电路的项目资料 ·················· 71
 4.9 上机实训 绘制 DAC 0832 数模转换电路原理图 ·················· 72
本章小结 ·················· 73
习题 ·················· 73

第 5 章 单片机最小系统与 DA/AD 转换电路的层次原理图设计 ·················· 75

 5.1 层次性原理图的基本概念和设计方法 ·················· 75
  5.1.1 基本概念 ·················· 75
  5.1.2 层次性原理图的设计方法 ·················· 76
 5.2 绘制层次原理图 ·················· 77
  5.2.1 绘制 MCU 模块子原理图 ·················· 77
  5.2.2 绘制 DA 模数转换模块子图 ·················· 79
  5.2.3 绘制 AD 模数转换模块子图 ·················· 80
  5.2.4 建立层次原理图总图 ·················· 80
 5.3 层次原理图间的切换 ·················· 85
 5.4 上机实训 绘制单片机系统控制板的层次原理图 ·················· 85
本章小结 ·················· 89
习题 ·················· 89

第 6 章 电压检测电路 PCB 单面板的绘制 ·················· 91

 6.1 PCB 板设计基础 ·················· 91
  6.1.1 印制电路板分类及组成结构 ·················· 91
  6.1.2 元件封装 ·················· 92
  6.1.3 PCB 板的板层 ·················· 94
  6.1.4 PCB 图的设计流程 ·················· 95
 6.2 新建 PCB 文件 ·················· 95
  6.2.1 新建 PCB 文件步骤 ·················· 95
  6.2.2 PCB 设计界面 ·················· 96
  6.2.3 简单 PCB 环境设置 ·················· 98
 6.3 规划电路板 ·················· 107
  6.3.1 采用 PCB 向导规划电路板 ·················· 107
  6.3.2 手工规划电路板 ·················· 110
 6.4 装卸元件库和导入网络表 ·················· 110
  6.4.1 装卸元件封装库 ·················· 110
  6.4.2 导入网络表 ·················· 112
 6.5 PCB 布局 ·················· 113
  6.5.1 PCB 自动布局 ·················· 113
  6.5.2 PCB 手动布局 ·················· 117
  6.5.3 更新 PCB ·················· 117
 6.6 自动布线 ·················· 119
  6.6.1 设置自动布线规则 ·················· 119

  6.6.2 自动布线 ·· 122
 6.7 上机实训 绘制 OTL 功率放大器 PCB 单面板 ··· 123
 本章小结 ··· 125
 习题 ··· 125

第 7 章 数码管 PCB 元件封装的创建 ··· 128
 7.1 常用元件及其封装图 ··· 128
  7.1.1 电阻 ··· 128
  7.1.2 电容 ··· 129
  7.1.3 电感 ··· 130
  7.1.4 可变电阻 ·· 131
  7.1.5 二极管 ··· 131
  7.1.6 三极管 ··· 132
 7.2 手工创建 PCB 元件封装 ·· 133
  7.2.1 新建 PCB 元件外形封装库 ··· 133
  7.2.2 元件库编辑器简介 ··· 134
  7.2.3 设置绘图环境 ·· 135
  7.2.4 制作 LED 数码管外形 ·· 135
 7.3 利用向导创建 PCB 元件封装 ·· 138
 7.4 PCB 元件封装的编辑 ··· 142
  7.4.1 在 PCB 元件库中直接修改元件封装 ·· 142
  7.4.2 复制、编辑 PCB 元件封装 ··· 143
 7.5 上机实训 制作变压器 PCB 元件封装 ··· 143
 本章小结 ··· 144
 习题 ··· 144

第 8 章 门禁自动控制电路 PCB 双面板的绘制 ·· 145
 8.1 电路及任务分析 ··· 146
  8.1.1 电路分析 ·· 146
  8.1.2 任务分析 ·· 146
 8.2 布线原则 ·· 147
 8.3 手工规划电路板与元件布局 ·· 149
 8.4 手工布线 ·· 151
  8.4.1 手工布线 ·· 151
  8.4.2 删除或拆除排线 ·· 153
  8.4.3 加入引线端点 ·· 153
 8.5 添加标注和说明文字 ··· 155
 8.6 手工布线训练参考图 ··· 156
 8.7 检查布线结果 ·· 158
 8.8 添加安装孔 ·· 159
 8.9 敷铜和补泪滴 ·· 160
  8.9.1 敷铜 ··· 160
  8.9.2 泪滴 ··· 161
 8.10 PCB 打印输出 ·· 162
 8.11 PCB 板层管理及设置 ··· 165
  8.11.1 信号板层和内部板层的设置 ·· 165
  8.11.2 机械板层的设置 ·· 167

8.12 上机实训 制作 PWM 调速电路 PCB 双面板 ································ 168
本章小结 ·· 170
习题 ·· 170

第 9 章 电路板综合设计实例 ·· 174
9.1 电路及任务分析 ·· 174
    9.1.1 电路分析 ·· 174
    9.1.2 任务分析 ·· 175
9.2 原理图绘制 ··· 175
    9.2.1 单片机最小系统电路图绘制 ··· 175
    9.2.2 键盘及 LED 显示电路绘制 ··· 178
    9.2.3 LCD 液晶显示电路绘制 ··· 179
    9.2.4 电气检测 ERC 并产生测试报告 ·· 180
    9.2.5 产生整个电路板的网络表 ··· 180
9.3 PCB 板的制作 ·· 180
    9.3.1 自制 PCB 元件封装 ··· 180
    9.3.2 新建 PCB 文件 ··· 181
    9.3.3 规划电路板 ··· 181
    9.3.4 添加元件封装库 ·· 182
    9.3.5 载入网络表并手工布局 ·· 182
    9.3.6 设置布线规则,对电路板进行综合布线 ·································· 183
本章小结 ·· 186

第 10 章 从 Protel 99SE 到 Altium Designer ·· 187
10.1 电子设计发展历程 ··· 187
    10.1.1 电子设计现状 ·· 187
    10.1.2 板级电路设计到 Protel 99SE ·· 188
    10.1.3 现代电子产品设计到 Altium Designer ································ 188
10.2 Protel 99SE 与 Altium Designer ·· 189
    10.2.1 元器件模型设计 ·· 190
    10.2.2 电子设计工程管理 ·· 190
    10.2.3 原理图设计模块 ·· 190
    10.2.4 印制版图设计模块 ·· 192
    10.2.5 CAM 格式数据编辑 ·· 194
    10.2.6 FPGA 数字电路设计模块 ·· 194
    10.2.7 嵌入式软件设计模块 ·· 196
10.3 导入 Protel 99SE 设计数据(Import Wizard) ···························· 197
10.4 典型问题分析 ·· 198
10.5 Protel 99SE 与 Altium Designer 对比 ··· 198
10.6 Altium Designer 的安装 ·· 199
本章小结 ·· 200
习题 ·· 200

第 11 章 绘制温度测量控制板——基于 Altium Designer ···························· 201
1.1 电路及任务分析 ·· 201
    11.1.1 电路分析 ··· 201
    11.1.2 任务分析 ··· 201
11.2 Altium Designer 设计环境 ··· 202

11.2.1 原理图设计编辑界面 202
11.2.2 PCB 板图编辑界面 204
11.3 温度测量控制板电路原理图绘制 206
11.3.1 创建一个新的 PCB 工程 207
11.3.2 创建一个新的电气原理图 207
11.3.3 设置原理图选项 210
11.3.4 构建完整的项目并编译项目 218
11.3.5 元件标注及错误检查 220
11.4 温度测量控制板电路 PCB 板绘制 220
11.4.1 印刷电路板（PCB）的设计 223
11.4.2 电路板设计数据校验 228
11.4.3 输出制造文件 229
本章小结 231

第 12 章 计算机辅助设计绘图员技能鉴定（电子类）分析 232
12.1 计算机辅助设计绘图员（电子类）中级考试样题 232
12.2 样题分析 235
12.3 计算机辅助设计绘图员技能鉴定（电子类）中级考试样题 236
本章小结 240
习题 240

附录 241
附录 A 常用菜单英文-中文对照表 241
附录 B 分立元件库 Miscellaneous Device.lib 中部分元件说明 243
附录 C 常用元件封装 244
附录 D 计算机辅助设计绘图员技能鉴定（中级）考试大纲 245
附录 E 无线电装接工中级操作技能考核试卷 247
附录 F 无线电调试工中级操作技能考核试卷 249
附录 G 全国职业技能大赛（电子产品装配与调试项目）电子 CAD 绘图部分考核试卷 251

参考文献 253

第1章 Protel 99SE 概述

【本章学习目标】
本章主要讲述 Protel 99SE 的基本知识，以达到以下学习目标：

◇ 了解电子 CAD 的基本概念；
◇ 了解 Protel 的发展过程和 Protel 99SE 的功能模块；
◇ 掌握 Protel 99SE 的安装及卸载方法；
◇ 掌握 Protel 99SE 的启动、关闭、窗口使用和如何新建数据库；
◇ 熟悉 Protel 99SE 的文件管理；
◇ 了解 Protel 99SE 的设计组管理。

1.1 电子 CAD 的基本概述

电子线路设计，就是根据给定的功能和性能指标要求，通过各种方法，确定采用线路的结构及各个元器件的参数值。有时还需进一步将设计好的线路转换为印刷电路板图。要完成上述设计任务一般需经过设计方案提出、验证和修改（如需要的话）三个阶段，有时甚至经历多次反复，才能较好地完成设计任务。

传统的电子线路的设计方法是人工设计，即设计方案的提出、验证和修改都是人工完成的，其中设计方案的验证一般都采用试验电路的方式进行。这种方法花费高、效率低。从 20 世纪 70 年代开始，随着电子线路设计要求的提高以及计算机的广泛应用，电子线路设计也发生了根本性的变革，出现了计算机辅助设计（Computer Aided Design，CAD）和电子设计自动化（Electronic Design Automation，EDA）。

随着计算机技术的迅速发展，计算机辅助设计（CAD）技术已渗透到电子线路设计的各个领域，包括电路图生成、逻辑模拟、电路分析、优化设计、印制板设计等。在电子行业中，CAD 技术不但应用面广，而且发展很快，在实现设计自动化（Design Automation，DA）方面取得了突破性的进展。但目前能实现设计自动化的情况并不多，还处于从 CAD 到 DA 过渡的进程中，人们将其统称为电子设计自动化（EDA）。

EDA 工具层出不穷，目前进入我国并具有广泛影响的 EDA 软件有：Protel、MultiSIM、Pspice、OrCAD、PCAD、Viewlogic、Mentor、Graphics、Synopsys、LSIlogic、Cadence、MicroSim 等。在这些软件中，Protel 设计系统是第一个将 EDA 引入 Windows 环境的电子电路设计开发工具，Protel 较早在国内使用，普及率也最高，当之无愧排在众多 EDA 软件的前面。

1.2 Protel 的发展

随着计算机的普及，EDA 技术获得了越来越旺盛的生命力，为了加快电路设计的周期和效率。1988 年美国 ACEEL Technologies Inc 推出设计印刷电路板的 TANGO 软件包，人们步入用计算机来设计电子线路的时代。

随着电子业的飞速发展，TANGO 逐渐不能适应需要，为了适应发展，澳大利亚 Protel Technology Inc 推出 Protel for DOS 作为 TANGO 的升级版本。Protel 公司的 DOS 版本以其"方便、易学、实用、快速"的风格于 20 世纪 80 年代在我国流行。20 世纪 90 年代初，Protel 公司推出基于 DOS 平台的终极版本即 Schematic3.31ND 和 Autotrax1.61。

1991 年推出全世界第一套基于 Windows 平台上的 PCB 软件包，Protel 飞速发展。

1998 年推出 Protel 98 是第一个包含五个核心模块的真正 32 位 EDA 工具。全新一代 EDA 软件 Protel 98 for Windows 95/NT 将 Advanced SCH98（电路原理图设计）、PCB98（印刷电路板设计）、Route 98（无网格布线器）、PLD98（可编程逻辑器件设计）、SIM98（电路图模拟/仿真）集成于一体化设计环境。1998 年后期，Protel 公司再次引进强大技术——MicroCode Engineering 公司的仿真技术和 Incases Engineering Gmbh 公司的信号完整性分析技术，使得 Protel 的 EDA 软件步入了与 Unix 上大型 EDA 软件相抗衡的局面。

1999 年正式推出 Protel 99——提供了一个集成的设计环境，包括了原理图设计和 PCB 布线工具，集成的设计文档管理，支持通过网络进行工作组协同设计功能。

2000 年推出的 Protel 99SE 采用了三大技术：SmartDoc、SmartTeam、SmartTool。SmartDoc 技术——所有文件都存储在一个综合设计数据库中。SmartTeam 技术——设计组的所有成员可同时访问同一个设计数据库的综合信息，更改通告及文件锁定保护，确保整个设计组的工作协调配合。SmartTool 技术——把所有设计工具（原理图设计、电路仿真、PLD 设计、PCB 设计、自动布线、信号完整性分析以及文件管理）都集中到一个独立、直观的设计管理器界面上。Protel 99SE 具有复杂工艺的可生产性和设计过程管理(PDM)功能的强大的 EDA 综合设计环境。

2002 年是电路设计的新纪元，因为电路设计软件的新贵 Protel 成功地整合多家重量级的电路软件公司，并正式更名为 Altium。Altium 公司于 2002 年下半年推出了 Protel 系列新产品 Protel DXP。Protel DXP 内嵌一个功能强大的 A/D 混合信号仿真器，它不需要读者手工添加 A/D 和 D/A 转换器，就可以准确地实现 A/D 混合信号仿真。另外，Protel DXP 的电路仿真器可以进行无限的电路级模拟仿真和无限的门级数字电路仿真。Protel DXP 除了支持工作点分析、瞬态特性分析、傅里叶分析、直流传输特性分析、交流小信号分析、传递函数分析、噪声分析、零点/极点分析、参数扫描、温度扫描分析和蒙特卡洛分析等外，还增加了对选择的信号进行 FFT(快速傅里叶变换)分析的功能。

2005 年年底，Altium 公司推出了 Protel 系列的最新高端版本 Altium Designer 6.0。Altium Designer 6.0 是完全一体化电子产品开发系统的一个新版本，也是业界第一款也是唯一一种完整的板级设计解决方案。Altium Designer 是业界首例将设计流程、集成化 PCB 设计、可编程器件（如 FPGA）设计和基于处理器设计的嵌入式软件开发功能整合在一起的产品，一种同时进行 PCB 和 FPGA 设计以及嵌入式设计的解决方案，具有将设计方案从概念转变为最终成品所需的全部功能。想更多地了解 Protel 软件或者下载试用版，可以访问 Altium 公司官方网站：http://www.altium.com.cn。

纵观 Protel 电路绘图软件的发展，Protel for Windows 1.0，使 Protel 从 DOS 版本过渡到 Windows 版本，简化了许多操作，Protel 98 的网络布线具有自动删除原来的布线功能，加快了手工布线的速度，Protel 99 增加了同步器，大大简化了网络布线的操作，Protel 99SE 改进了 Protel 99 的一些错误，Protel DXP 则以 Win XP 界面为主，又增强了许多功能，Protel 新版本 Altium Designer 增强了很多板级设计功能，这大大增强对处理复杂板卡设计和高速数字信号的支持，同时，能更加方便、快速地实现复杂板卡的 PCB 版图设计。但是，从入门和提高的实际角度考虑，Protel 99SE 是目前最为合适的，第一，Protel 99SE 是 Protel 99 的改进版本，它继承了以前版本的所有精华；第二，Protel 99SE 对系统要求不是很高，Win98 的操作系统下运行比较稳定，Protel 99 DXP 必须在 Win2000、WinXP 的操作系统下才能运行；第三，Protel 99SE 的操作相对要容易些，Protel DXP、Altium Designer 的操作非常烦琐，不适合入门和提高。

1.3 安装 Protel 99SE

1.3.1 Protel 99SE 的运行环境

推荐的硬件配置如下：
- CPU：Pentium 166 以上；
- RAM：64MB 以上；
- 硬盘：1GB 以上；
- 显示器分辨率：1024×768；
- 操作系统：Windows 95 以上或 Windows NT。

1.3.2 Protel 99SE 的安装与卸载

1）Protel 99SE 的安装

（1）运行 setup.exe 安装 Protel 99SE

① 选择 Protel 99SE 安装源文件夹，双击其中的 setup.exe 文件，启动 Ptotel 99SE 安装程序，弹出安装软件界面。

② 点击安装软件界面中的【Next】按钮，进入下一步。

③ 在图 1-1 窗口中输入 S/N 序列号后，点击【Next】按钮进入下一步。

④ 选择安装路径，点击【Next】按钮进入下一步。

⑤ 选择安装类型（默认为 Typical 典型安装），点击【Next】按钮进入下一步。

⑥ 在选择安装文件夹界面中直接点击【Next】按钮便开始安装。

⑦ 屏幕提示安装完毕，单击【Finish】按钮退出安装程序。此时桌面会出现 Protel 99SE 快捷图标 ，至此 Protel 99SE 软件安装完毕。

（2）安装 Protel 99 SE service pack 6

打开文件夹 ，点击安装文件。

（3）汉化安装（Protel 99 汉化）

打开文件夹 ，按以下方法进行汉化。

① 安装中文菜单。将 client99se.rcs 复制到 Windows 根目录中。

【说明】在复制中文菜单前，先启动一次 Protel 99SE，关闭后将 Windows 根目录中的 client99se.rcs 英文菜单保存起来。

② 安装 PCB 汉字模块。将 pcb-hz 目录的全部文件复制到 Design Explorer 99SE 根目录中，注意检查一下 hanzi.lgs 和 Font.DDB 文件的属性，将其只读选项去掉。

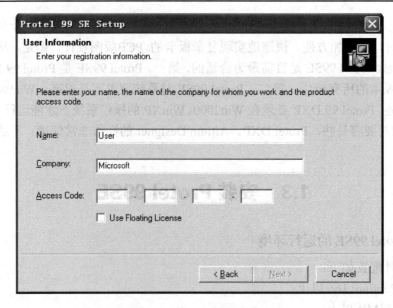

图 1-1　输入序列号对话框

③ 安装国标码库。将 gb4728.ddb（国标库）复制到 Design Explorer 99SE/Library/Sch 目录中，并将其属性中的只读去掉。将 Guobiao Template.ddb（国标模板）复制到 Design Explorer 99SE 根目录中，并将其属性中的只读去掉。汉化完成。

【说明】为了提高使用者对软件中英文的掌握，不建议对软件进行汉化。

2）Protel 99SE 的卸载

① 打开控制面板，点击 进入下一步。
② 选中 Protel 99SE，点击【更改/删除】，进入下一步。
③ 在图 1-2 中选中 Remove，点击【Next】按钮开始删除卸载。
④ 卸载完毕，屏幕提示卸载完毕，单击【Finish】按钮退出卸载程序。

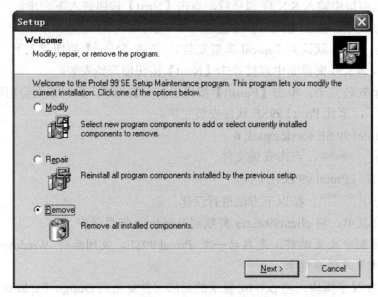

图 1-2　选择删除程序界面

1.4　Protel 99SE 的功能模块

Protel 99SE 主要由电路原理图设计模块、印制电路板设计模块、电路信号仿真模块和 PLD 逻辑器件设计模块组成。各模块具有强大的功能，可以很好地实现电路设计与分析。

（1）原理图设计模块（Schematic 模块）

电路原理图是表示电子电气产品中电路工作原理的重要技术文件，电路原理图主要由代表电子电气元件的图形符号、线路、节点和说明文字组成。Schematic 模块具有丰富而灵活的编辑功能、在线库编辑及完善的库管理功能、强大的设计自动化功能、支持层次化设计功能等。

（2）印制电路板设计模块（PCB 设计模块）

印制电路板（PCB）是通过专用的电子工艺把电子元件以特定的方式安装固定在电路板上，并且按照原理图用特殊的敷铜层导线连接为具体电路，以构成实际产品的电路单元，而制板图就是制作电路板的设计图纸。PCB 设计模块是完成制板图设计的电子 CAD 工具。

设计好电路原理图后，可根据原理图设计印制电路板的制板图，然后再根据制板图制作具体的电路板。

PCB 设计模块的主要功能和特点是：可完成复杂印制电路板（PCB）的设计；具有方便而灵活的编辑功能；具有强大的设计自动化功能；具有在线式库编辑及完善的库管理功能；具有完备的输出系统等。

（3）电路信号仿真模块

电路信号仿真模块 SIM99 是一个功能强大的数字/模拟混合信号电路仿真器，能提供连续的模拟信号和离散的数字信号仿真。它运行在 Protel 的 EDA/Client 集成环境下，与 Protel Advanced Schematic 原理图输入程序协调工作，作为 Advanced Schematic 的扩展，为用户提供了一个完整的从设计到验证仿真设计的环境。

从 Protel 99SE 中进行仿真，只需从仿真用元器件库中选择所需的元器件，连接好原理图，加上激励源，然后单击仿真按钮即可自动开始仿真。

（4）PLD 逻辑器件设计模块

PLD 99 支持所有主要的逻辑器件生产商，它有两个独特的优点：一是仅仅需要学习一种开发环境和语言就能使用不同厂商的器件；二是可将相同的逻辑功能做成物理上不同的元器件，以便根据成本、供货渠道自由选择元件制造商。

由于篇幅所限，本书仅对原理图模块、PCB 设计模块做详细介绍，而对电路仿真模块简要介绍，对于 PLD 逻辑器件设计模块暂不做介绍。

1.5　Protel 99SE 的设计环境

（1）Protel 99SE 的启动

方法一：鼠标左键双击快捷图标 [Protel 99 SE 快捷方式图标]。

方法二：点击桌面【开始】→【程序】→【Protel 99SE】→【Protel 99SE】。

启动应用程序后会出现 Protel 99SE 的主窗口，如图 1-3。

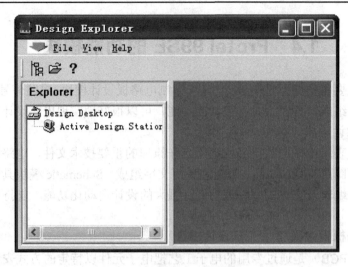

图 1-3　Protel 99SE 的主窗口

（2）Protel 99SE 的主窗口

①【File】菜单　主要用于文件的管理，包括文件的打开、新建、退出等，如图 1-4 所示。【File】菜单的选项及功能如下。

- 【New】　新建一个空白文件，文件的类型为综合型数据库，后缀是".ddb"。
- 【Open】　打开并装入一个已经存在的文件，以便进行修改。
- 【Exit】　退出 Protel 99SE。

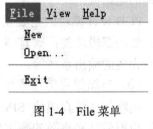

图 1-4　File 菜单

②【View】菜单用于切换设计管理器、状态栏、命令行的打开和关闭，每项均为开关量，鼠标点击一次，其状态改变一下，如图 1-5 所示。

③【Help】菜单用于打开帮助文件，如图 1-6 所示。

④ ：作用与执行菜单命令【View】→【Design Manager】相同，点击可以打开或关闭资源管理器 Explorer。

图 1-5　View 菜单

⑤ ：打开文件，作用与执行【File】→【Open】相同。

⑥ ：点击打开帮助，作用与执行【Help】→【Contents】相同。

(3) 新建设计数据库

当用户启动 Protel 99SE 后，系统将进入设计环境。此时可以单击图 1-3 主窗口中 File 菜单上的 New 命令，系统将弹出如图 1-7 所示的 Protel 99SE 建立新设计数据库的对话框。

① Design storage type（设计保存类型）　有两种，分别为：MS Access Database 和 Windows File System。

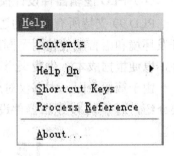

图 1-6　Help 菜单

- MS Access Database　设计过程中的全部文件都存储在单一的数据库中，即所有的原理图、PCB 文件、网络表、材料清单等都保存在一个".ddb"文件中，在资源管理器中只能看到唯一的".ddb"文件。

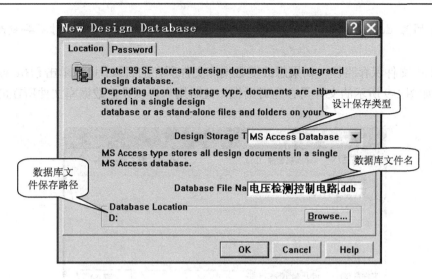

图 1-7　新建设计数据库对话框

- Windows File System　在对话框底部指定的硬盘位置建立一个设计数据库的文件夹，所有文件都被自动保存在文件夹中。可以直接在资源管理器中对数据库中的设计文件如原理图、PCB 等进行复制、粘贴等操作。这种设计数据库的存储类型，可以方便硬盘对数据库内部文件进行操作，但不支持 Design Team 特性。

当用户选择 MS Access Database 类型后，对话框将增加一个 Password（密码）选项卡，如图 1-8 所示。如果选择 Windows File System 类型，则没有该选项卡。

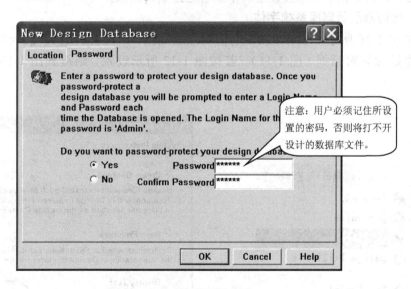

图 1-8　文件密码设置选项卡

② Database File Name（数据库文件名）　用户可在 Database File Name 编辑框中输入所设计电路图的数据库名，文件扩展名为".ddb"。以 ddb 为后缀的文件就是 Protel 99SE 工程文件，它是一个以库形式存在的文件，其中将会包括后续设计，如原理图文件、印制版文件、仿真波形、各种报表等。

【注意】因为 ddb 是 Protel 99SE 识别文件的后缀,所以修改文件名时不要更改 ddb 后缀名。

③ 数据库文件保存路径　如果想改变数据库文件所在的目录,可以单击【Browse】按钮,系统将弹出如图 1-9 所示的文件另存为对话框,此时用户可以设定数据库文件所在的路径。

图 1-9　文件另存为对话框

完成文件保存路径修改和文件名的输入后,单击【保存】,回到图 1-7 所示对话框后单击【OK】按钮,进入设计环境,此时就可以进行电路设计或其他工作。

【注意】学生在初次使用该软件时,往往不设定数据库文件保存的路径,从而往往把文件保存在默认的路径中,导致最后找不到自己绘制的图纸。

(4) 如何修改数据库系统字体

点击图 1-10 所示 Protel 99SE 主窗口左上角的图标,选择【Preferences】,弹出数据库参数设置对话框(图 1-11)。若按图 1-12 所示设置,则得到图 1-13 对话框中显示的字体。

图 1-10　数据库设置菜单

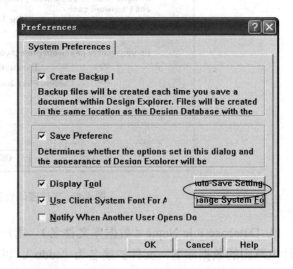

图 1-11　Preferences 对话框

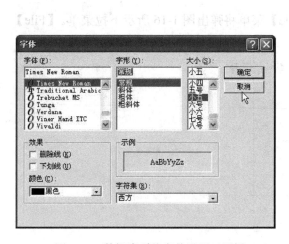
图 1-12 数据库系统字体设置对话框

图 1-13 修改字体后的 Preferences 对话框

1.6 Protel 99SE 的文件管理

（1）设计管理界面

使用 Protel 99SE 时，如果用户仅仅创建了一个新的设计数据库，而还没有进入真正的图形设计及绘制界面时，此时的设计管理界面仅仅包括【File】、【Edit】、【View】、【Window】和【Help】共 5 个下拉菜单，如图 1-14 所示。

图 1-14 设计管理界面

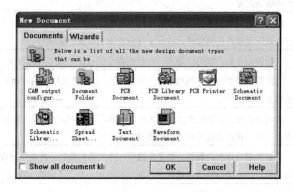
图 1-15 新建文件对话框

（2）文件操作

①【File】菜单　点击设计管理界面中【File】菜单将弹出图 1-16 所示下拉菜单。【File】菜单的各命令功能如表 1-1 所示。

图 1-16　File 菜单

表 1-1　【File】菜单各命令功能描述

命令	描述
New（新建）	新建一个空白文件，文件的类型可以是原理图 Sch 文件、印刷电路板 PCB 文件、原理图元件库编辑文件 Schlib、印刷电路元器件库编辑文件 PCBlib、文本文件以及其他的文件等。选取此菜单项，将会显示建立新文档对话框，如图 1-15 所示，用户可以选择所需建立的文档类型，然后单击 OK 按钮即可
New Design（新建设计库）	新建立一个设计库，所有的设计文件将在这个设计库中统一进行管理，该命令与用户还没有创建数据库前的 New 命令执行过程一致，用户可以参考 1.5 节
Open（打开）	打开已存在的设计库
Close（关闭）	关闭当前已打开的设计文件
Close Design（关闭设计库）	关闭当前已打开的设计数据库
Export（导出）	将当前设计库中的一个文件输出到其他路径
Save All（保存所有）	保存当前所有已打开的文件
Send By Mail（E-mail 传送）	选择该命令后，用户可将当前设计数据库通过 E-mail 传送到其他计算机。这样对于异地设计和集成很方便
Import（导入）	将其他文件导入到当前设计库，成为当前设计数据库中的一个文件，选取此菜单项后，用户可以选取所需要的任何文件，将此文件包含到当前设计库中
Import Project（导入项目）	执行该命令后，将可以导入一个已经存在的设计数据库到当前设计平台中
Link Document（连接文件）	连接其他类型的文件到当前设计库中。用户可以通过弹出的对话框选择将其他文档的快捷方式连接到本设计平台
Find Files（查找文件）	选择该命令，系统将弹出查找文件对话框，用户可以查找设计数据库中或硬盘驱动器上的其他文件，用户可以设置各种不同的查找方式
Properties（属性）	管理当前设计库的属性。如果先选中一个文件对象后，再执行该命令，则系统将弹出文件属性对话框，用户可以修改或设置文件属性和说明。对于不同的文件对象，其属性对话框可能不同
Exit（退出）	退出 Protel 99SE 系统

②【Edit】菜单 用于完成文件的剪切、复制、粘贴、删除、重命名等操作，如图 1-17 所示。菜单各命令功能描述见表 1-2。

表 1-2 【Edit】菜单各命令功能描述

命　　令	描　　述
Cut（剪切）	剪切已选取的文件
Copy（复制）	复制已选取的文件
Paste（粘贴）	粘贴已复制的文件
Paste Shortcut（粘贴快捷方式）	粘贴已选取文件的快捷方式
Delete（删除）	删除已选取的文件
Rename（重命名）	对已选取的文件重命名

③【View】菜单 如图 1-18 所示，用于视窗操作，各命令功能描述见表 1-3。

表 1-3 【View】菜单各命令功能描述

命　　令	描　　述
Design Manager	设计管理器的打开和关闭
Status Bar	状态栏的打开和关闭
Command Status	命令行的打开和关闭
Toolbar	工具栏的打开和关闭
Large Icons	以大图标显示文档
Small Icons	以小图标显示文档
List	以列表形式显示文档
Details	以细节方式显示当前文件夹内容，视图窗口将显示出文档的图标、名称、大小、类型以及修改时间、描述等
Refresh	刷新，F5 为其快捷键

④【Window】菜单 如图 1-19 所示，用于设计窗口的操作，各命令功能见表 1-4。

表 1-4 【Window】菜单各命令功能描述

命　　令	描　　述
Tile	将整个设计数据库打开的选项卡在设计窗口平铺
Cascade	将整个设计数据库的打开的选项卡在设计窗口层叠放置
Tile Horizontally	将光标所在选项卡与其他选项卡水平分割
Tile Vertically	将光标所在选项卡与其他选项卡垂直分割
Arrange Icons	重排图标
Close All	关闭所有的选项卡

⑤【Help】菜单 作用与 1.5 节主窗口的【Help】菜单功能相同。

【提示】除了使用鼠标执行菜单命令外，也可以使用相应的快捷键来实现。

（3）文件类型说明

文件类型说明见表 1-5。

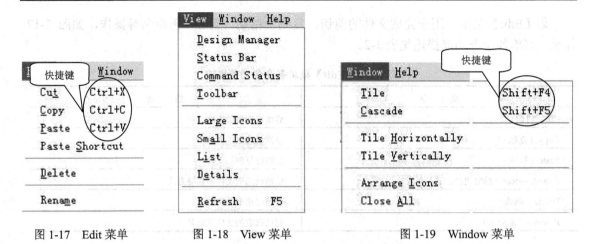

图 1-17 Edit 菜单　　图 1-18 View 菜单　　图 1-19 Window 菜单

表 1-5 文件类型说明

文档类型	英文名称	说　明	文档类型	英文名称	说　明
	CAM output configuration	CAM 输出配置文件		Schematic Document	原理图设计文件
	Document Folder	设计数据库文件夹		Schematic Library Document	原理图元件库文件
	PCB Document	印制板设计文件		Spread Sheet Document	表格文件
	PCB Library Document	印制板元件库文件		Text Document	文本文件
	PCB Printer	印制板图打印文件		Waveform Document	波形文件

1.7　Protel 99SE 的设计组管理

每个数据库默认时都带有设计工作组（Design Team），其中包括 Members、Permissions、Sessions 三个部分，如图 1-20 所示。

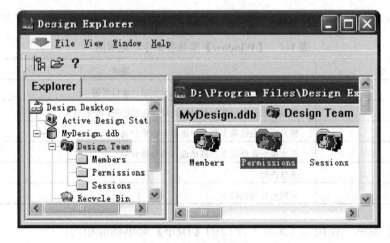

图 1-20　设计工作组

（1）组成员的增加

在图 1-20 设计工作组中点击打开 Members，然后选择【File】→【New Member】，弹出如图 1-21 所示窗口。

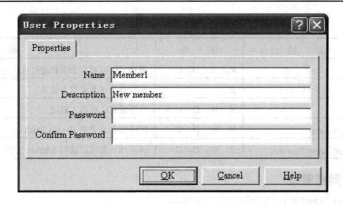

图 1-21　User Properties 对话框

- Name：组成员名；默认名为 Member1、Member2，依此类推。
- Description：成员描述。
- Password：口令。
- Confirm：确认口令，此文本框内容必须和 Password 完全相同。

（2）权限的设置

① 权限的类型
- Read(R)：具有对文件或文件夹的打开权利。
- Write(W)：具有对文件或文件夹的修改权利。
- Delete(D)：具有对文件或文件夹的删除权利。
- Create(C)：具有建立文件或文件夹的权利。

② 权限的设置　在图 1-20 设计工作组中点击打开 Permissions，然后选择【File】→【New Rule】弹出如图 1-22 所示窗口。

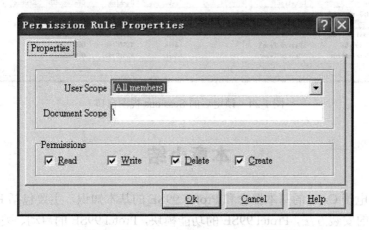

图 1-22　Permission Rule Properties 对话框

- User Scope（用户范围）：组成员名。
- Document Scope（作用范围）：文件或文件夹的内部路径。
- Permissions（权限设置）：指定成员对作用范围的使用权限。

③ 组成员默认权限　见表 1-6。

表 1-6 组成员默认权限

成 员	文 档	权 限	说 明
管理员(Admin)	\	R, W, D, C	管理员可以对整个设计进行读、写、删除、创建等操作
客户(Guest)	\	R	客户只可以查看整个设计
所有成员	\	R, W, D, C	给予所有成员最大权限
所有成员	\Design Team	R, W, D, C	严格限制成员对 Design Team 的操作
所有成员	\Design Team\ Sessions	R, W, D, C	所有成员都可以读写 Session 文件夹

（3）数据库的网络管理

Sessions 视图窗口如图 1-23 所示。

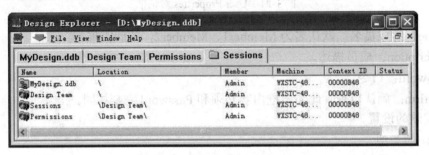

图 1-23 Sessions 视图窗口

选择【File】→【Lock】，锁定后文档如图 1-24 所示。

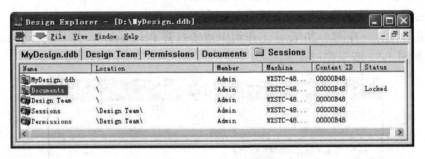

图 1-24 锁定后的 Sessions 视图窗口

本章小结

本章介绍了电子 CAD 的基本概念和 Protel 99SE 的基本知识，主要包括 Protel 的发展过程，Protel 99SE 的安装方法，Protel 99SE 的功能模块，Protel 99SE 的启动、关闭、窗口使用、文件管理、设计组管理和如何新建数据库等。

习 题

1-1 Protel 99SE 可以实现哪些功能？

1-2 请在 E 盘根目录下，新建 Protel 99SE 设计数据库，命名为"练习.ddb"。

1-3 在题 1-2 所建的数据库中，新建原理图文件，命名为"exe.sch"。

第2章 绘制电压检测控制电路原理图

【本章学习目标】

本章主要以绘制电压检测控制电路原理图为例,介绍较简单电路原理图的绘制方法,以达到以下学习目标:

- ◇ 掌握原理图设计步骤;
- ◇ 掌握原理图图纸、网格、光标等的设置方法;
- ◇ 熟悉主菜单、工具栏的使用方法;
- ◇ 熟练掌握放置元件、导线、电源/地和输入/输出端口的方法;
- ◇ 掌握对原理图元件编辑的各种操作。

2.1 电路及任务分析

2.1.1 电路分析

(1) 电路功能

在如图 2-1 所示的电压检测控制电路中,通过调节 RP 模拟被测电压的变化,通过控制电路控制信号灯及发光二极管的亮和灭。

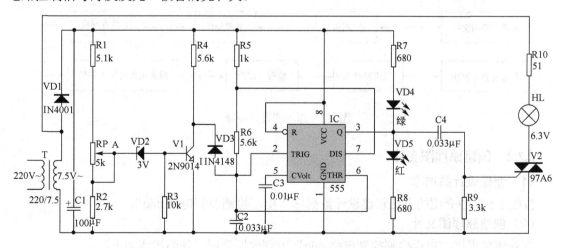

图 2-1 电压检测控制电路原理图

(2) 基本工作原理

电压检测控制电路由变压器降压、半波整流及电容滤波提供直流电源。晶体管 V1 等元件组成电压检测电路，集成电路555构成自激振荡器，为双向可控硅V2提供导通信号。当图中A点电位低于某值时，晶体管V1截止，VD3截止，此时555电路产生自激振荡信号（频率较高以便触发V2）。VD4、VD5同时发光，双向可控硅V2被触发导通，指示灯HL亮。当A点电位高于某值，使V1导通，则VD3导通，从而使555电路的2脚保持为低电平，555停振。此时VD5亮，VD4不亮，IC的3脚维持高电位。但由于C4的作用，V2不能被触发导通，HL熄灭。

2.1.2 任务分析

该项目主要训练学生掌握绘制原理图的基本方法。通过本章的学习，学会如何设置原理图图纸、网格、光标等，掌握如何使用主菜单和常用工具栏，熟练掌握元件库的调用、元件的查找与放置、元件属性的编辑，掌握导线、电源/地和输入/输出端口等的放置及其属性的编辑，熟悉编辑对象的各种操作。

该电路主要由电阻、电容、二极管、三极管以及定时器IC(555)、变压器T、双向晶闸管V2、稳压管VD2、灯泡等组成。该电路图中元件均可从元件库中查到。

2.2 原理图设计基础

2.2.1 原理图设计步骤

在1.5节中已介绍如何新建Protel 99SE的设计数据库，新建的数据库界面如图1-14所示。在新建数据库中可以创建原理图文件，当然也可以在已有的数据库中创建原理图文件，由此便进入了原理图设计的环境。现将原理图设计步骤归纳如图2-2所示，其中关于创建原理图文件、设置图纸、放置元件、放置导线、放置电源及接地符号等内容将在本章详细介绍，关于原理图的检查和修改、生成网络表、保存及打印输出等内容将在后续章节中详细介绍。

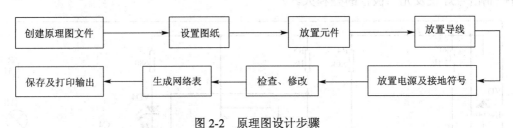

图2-2 原理图设计步骤

2.2.2 创建原理图文件

（1）新建设计数据库

按照1.5节中介绍的方法新建设计数据库"电压检测控制电路.ddb"。

（2）创建原理图文件

在新建数据库"电压检测控制电路.ddb"中创建原理图文件的步骤如下。

① 新建的数据库界面如图1-14所示，在此界面左键双击打开Documents文件夹。

② 方法一：执行菜单命令【File】→【New】将弹出新建文件对话框。

方法二：在Documents文件夹的空白处点击右键，选择【New】，亦将弹出新建文件对话框，如图2-3所示。

第 2 章　绘制电压检测控制电路的原理图

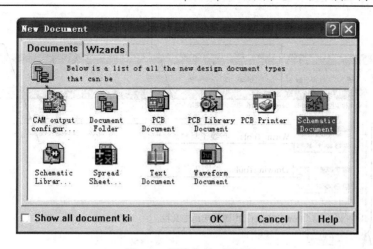

图 2-3　新建文件对话框

③ 在新建文件对话框中，选中 ，即选择新建原理图文件，然后点击【OK】完成原理图文件的创建。

（3）如何修改原理图文件名

新建文件为 ，右键点击此图标选择【Rename】，将其文件名改为"电压检测控制电路.Sch" 。如图 2-4 所示。

【**注意**】原理图文件的扩展名".Sch"不可修改。

图 2-4　修改原理图文件名

2.2.3　原理图编辑器简介

左键双击 进入原理图编辑器，如图 2-5 所示。原理图编辑器主要包括主菜单、工具栏、工作面板、浏览器（Browse Sch）和资源管理器（Explorer）。

此外还有状态栏和命令栏。状态栏用于显示当前的设计状态，大多数情况下显示相对坐标值。命令栏用于显示当前用户正在使用或者可以使用的命令。

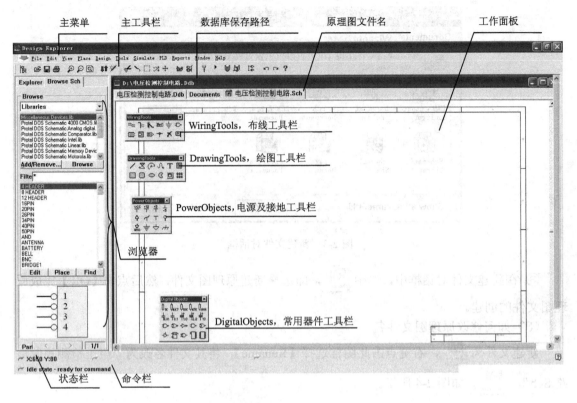

图 2-5　原理图编辑器

2.2.4　主菜单

主菜单共有如下 11 个下拉菜单，下面将一一介绍其功能（表 2-1）。

表 2-1　主菜单中各菜单的功能描述

菜 单 项	描　　述
File（文件）	文件的新建、打开、关闭、导入、导出、保存、打印、退出等
Edit（编辑）	撤销、恢复、剪切、复制、粘贴、清除、查找文本、替换文本、选中、取消选中、删除、改变、移动、排列、跳转、设置标记、增加单元等
View（视窗）	视窗的放大、缩小、刷新、网格的设置，还包括切换设计管理器、状态栏、命令行及各工具栏的打开和关闭等
Place（放置）	放置总线、总线分支、元件、节点、电源、导线、网络标号、端口、方框图、方框图入口、注释、文本框等
Design（设计）	更新 PCB 文件、浏览原理图库、添加/删除原理图库文件、制作项目原理图库文件、模板的更新和设置、生成网络表、从方块图生成子电路图、从子电路图生成方块图、图纸的设置等
Tools（工具）	ERC（电气错误检查）、查找元件、切换子电路图和方块图、注释、数据库的连接、绕过探测器、选择 PCB 元件和原理图的参数设置等
Simulate（仿真）	运行仿真、仿真源的选择、生成 SPICE 网络表、仿真设置等
PLD（可编程逻辑器件）	PLD 操作，包括编译、仿真、配置、拨动引脚等
Reports（报告）	产生选中的引脚信息、材料单、设计层次、增加平级和层次的端口参数、删除端口参数等报告
Window（窗口）	窗口平铺、层叠放置、水平分割、垂直分割、重排图标和关闭所有的选项卡等
Help（帮助）	显示帮助内容、原理图的帮助主题、快捷键的使用说明、各种受欢迎的快捷命令的直接使用、关于 Protel 99SE 软件的版本信息等

2.2.5 工具栏

绘制原理图需使用的工具栏有主工具栏（Main Tools）、布线工具栏（WiringTools）、绘图工具栏（DrawingTools）、常用器件工具栏（DigitalObjects）、电源及接地工具栏（PowerObjects）。打开或关闭工具栏可执行菜单命令【View】→【Toolbars】。绘图工具栏将在后续章节中介绍，下面介绍其他几种工具栏。

（1）主工具栏

主工具栏共有如下 24 个，各工具功能如表 2-2 所示。

表 2-2 主工具栏工具的作用

按钮	功 能	按钮	功 能
	切换显示文档管理器，等同于 View|Design Manger		取消全部选择，等同于 Edit|Deselect|All
	打开文档，等同于 File|Open		移动选中对象，等同于 Edit|Move|Move Selection
	保存文档，等同于 File|Save		打开或关闭绘制图形，等同于 View|Toolbar|Drawing
	打印文档，等同于 File|Print		打开或关闭绘制电路，等同于 View|Toolbar|Wiring Tools
	放大显示，等同于 View|Zoom In		仿真分析设置，等同于 Simulate|Setup
	缩小显示，等同于 View|Zoom Out		运行仿真器，等同于 Simulate|Run
	将整个文档显示在窗口中，等同于 View|Fit Document		增加或减少元件库，等同于 Design|Add/Remove Library
	层次电路图的层次转换，等同于 Tools|Up/Down Hierarchy		浏览元件库，等同于 Design|Browse Library
	放置交叉探测点，等同于 Place|Directives|Probe		增加元件的单元号，等同于 Edit|Increment Part
	剪切选中对象，等同于 Edit|Cut		取消上次操作，等同于 Edit|Undo
	粘贴操作，等同于 Edit|Paste		恢复取消的操作，等同于 Edit|Redo
	选择选项区域内的对象，等同于 Edit|Select|Inside Area		激活帮助，等同于 Help|Contents

（2）布线工具栏

布线工具栏（图 2-6）是一个在画原理图时最常用的工具栏，其中各工具常用来绘制导线、放置网络标号、放置节点和端口等。可以通过菜单命令【View】→【Toolbars】→【Wiring Tools】或者利用主工具栏中的 按钮来打开或者关闭。其中各个工具的作用如表 2-3 所示。

表 2-3 WiringTools 工具的作用

按钮	功能意义	按钮	功能意义	按钮	功能意义	按钮	功能意义
	画导线		放置网络标号		放置方块电路图		放置电路节点
	画总线		放置电源符号		放置方块电路出入口		放置忽略 ERC 检查点
	画总线分支		放置元件		放置电路端口		放置 PCB 布线指示

（3）常用器件工具栏

常用器件工具栏如图 2-7 所示，可用于快速绘制常用器件：1kΩ、4kΩ7、10kΩ、47kΩ、100kΩ 电阻，0.01μF、0.1μF、1.0μF、2.2μF、10μF 电容，集成芯片 74F00、74F02、74F04、74F08、74F32、74F126、74F74、74F86、74F138、74F245。

（4）电源及接地工具栏

电源及接地工具栏如图 2-8 所示，电源及接地符号类型如图 2-9 所示，其中电源符号有 Bar（直线）、Circle（圆）、Allow（箭头）、Wave（波）等形式，接地符号有 Arrow（箭头）地、Power Ground（电源地）、Signal Ground（信号地）、Earth（接大地）等形式。

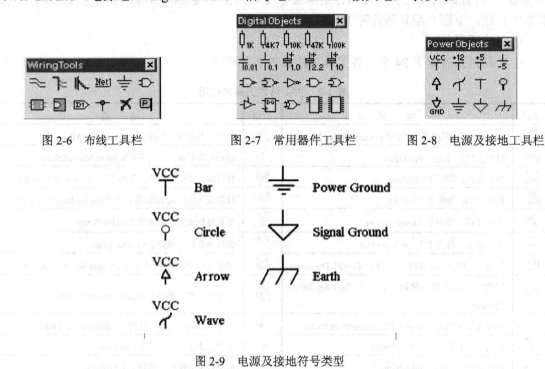

图 2-6　布线工具栏　　　　图 2-7　常用器件工具栏　　　　图 2-8　电源及接地工具栏

图 2-9　电源及接地符号类型

2.2.6　浏览管理器和资源管理器

在原理图编辑器的左侧，有两个选项卡，分别为 Browse Sch（浏览管理器）和 Explorer（资源管理器）。

（1）浏览管理器（Browse Sch）

选择此浏览器，可以浏览已装载的元件库（Libraries）的内容，也可以浏览当前或整个项目原理图(Primitives)的内容，通过点击图 2-10 中 ▼ 切换浏览的内容。

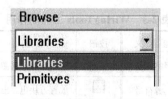

图 2-10　Browse 选项卡

① 浏览已装载的元件库，在图 2-10 中选择 Libraries，将弹出如图 2-11 所示浏览界面。元件库选择选项区域内显示的为已装载的元件库。元件浏览选项区域内显示的为当前选中的元件库的元件列表。元件符号浏览区域显示的为当前选中的元件符号。元件过滤选项区域内可实现元件的快速查找，查找方法将在 2.4 节中详细介绍。

② 浏览当前或整个项目原理图。浏览界面和各区域功能如图 2-12 所示。

第 2 章　绘制电压检测控制电路的原理图

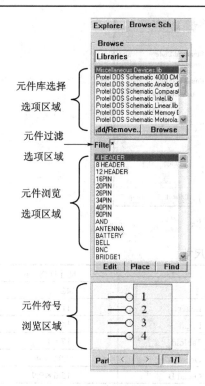

图 2-11　浏览元件库

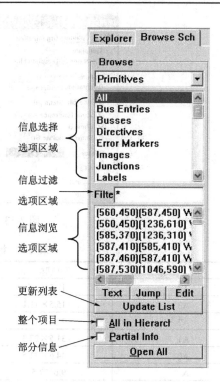

图 2-12　浏览原理图内容

（2）资源管理器（Explorer）

在图 2-5 原理图编辑器左侧的浏览器中选择"Explorer"选项卡，可以实现方便快捷的打开文件。此栏又被形象地称为导航树。

2.3　如何设置原理图图纸、网格、光标和文件信息

2.3.1　原理图图纸的设置方法

进入图纸设置有以下两种方法。

方法一：通过执行菜单命令【Design】→【Options】，进入图纸设置。

方法二：通过在图纸区域单击鼠标右键→【Document Options】，进入图纸设置。

设置图纸对话框如图 2-13 所示。

2.3.2　设置图纸大小

图纸大小的设置有两种选择，一种是标准图纸，一种是自定义图纸。

（1）选择标准图纸

标准图纸类型有 18 种（表 2-4），系统默认为 B 号图纸，若要修改图纸大小，可在 Standard Style 栏中打开右边的下拉菜单，选择需要图纸代号，单击对话框下部的 OK 设置完毕。

（2）选择自定义图纸

如果标准图纸满足不了要求，这时就要自己定义图纸的大小了。而自定义图纸可以在设置图纸对话框中的 Custom Style 区域中进行设置（表 2-5）。这里必须选中 Use Custom Style 项，即在该项左边的方框内打钩，如图 2-14 所示，如此方可进行相关的设置。

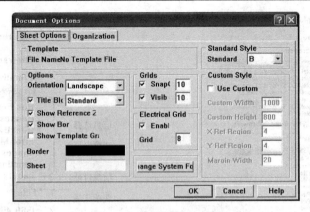

图 2-13　设置图纸对话框

表 2-4　标准图纸代号与尺寸

代　号	尺寸规格 / in[①]	代　号	尺寸规格 / in
A4	11.5×7.6	E	42×32
A3	15.5×11.1	Letter	11×8.5
A2	22.3×15.7	Legal	14×8.5
A1	31.5×22.3	Tabloid	17×11
A0	44.6×31.5	Orcad A	9.9×7.9
A	9.6×7.5	Orcad B	15.6×9.9
B	15×9.5	Orcad C	20.6×15.6
C	20×15	Orcad D	32.6×20.6
D	32×20	Orcad E	42.8×32.2

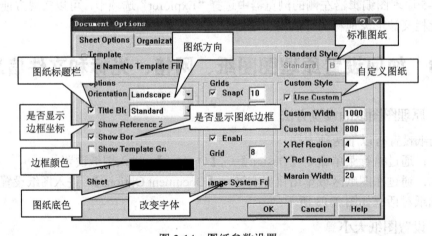

图 2-14　图纸参数设置

表 2-5　自定义图纸选项的功能

信息选择列表项	功　能
Custom Width	设置图纸的宽度，单位为 1/100in
Custom Height	设置图纸的高度，单位为 1/100in
X Ref Region	设置 X 轴框参考坐标的刻度数
Y Ref Region	设置 Y 轴框参考坐标的刻度数
Margin Width	设置边框宽度，其单位为 1/100in

① 1in=2.54cm。

2.3.3 设置图纸的其他参数

（1）设置图纸方向

点击 Orientation 项右边的下拉按钮，有两个选项：Landscape 和 Portrait。其中 Landscape 表示将图纸水平放置，Portrait 表示将图纸纵向放置。

（2）设置图纸标题栏

选中 Title Block 项（该项左边方框打钩），则在其右边有两种模式的标题栏可选，分别为标准模式（Standard）和美国国家标准化组织模式（ANSI）。如果这两种模式不合适，使用者也可以将 Title Block 项左边方框内的钩去掉，此时图纸中将不会出现系统设置的标题栏，可由使用者自行设计。

（3）设置图纸颜色

为了更清楚的显示所画的电路原理图，就需要对图纸的颜色进行设置，其方法如下：点击 Sheet Color 项右边的颜色框进行图纸底色设置，点击 Border Color 项右边的颜色框进行图纸边框的设置。

（4）设置系统字体

点击 Change System Font 即可进行设置。

（5）设置图纸边框的显示与否

在 Show Border 左边的分框内打钩则显示，否则不显示。

（6）设置图纸边框坐标的显示与否

在 Show Reference Zones 左边的分框内打钩则显示，否则不显示。

2.3.4 设置网格和光标

（1）Grids 网格

在图 2-15 设置图纸对话框的 Grids 项中可以设置光标和网格。

① SnapOn 左边的方框内打钩则显示光标，并且可在右边方框内设置光标移动一次的步长。

② Visible 左边的方框内打钩则显示网格，此时可在右边方框内设置显示的每个栅格的边长。Visible 左边的方框内的钩去掉则隐藏网格。

（2）Electrical Grid 电气网格

Enable 选中，则此时系统在连接导线时，将以箭头光标为圆心，以 Grid Range 栏中设置值为半径，自动向四周搜索电气节点。当找到最接近的节点时，就会把十字光标自动移到此节点上，并在该节点上显示出一个圆点。

（3）设置网格和光标的形状

通过菜单命令【Tools】→【Preferences】打开 Preferences 对话框，点击 Graphical Editing 选项卡，如图 2-16 所示。

① 网格形状

线状网格（Line Grid）

点状网格（Dot Grid）

② 光标形状

Large Cursor 90　　大 90°光标

Small Cursor 90　　小 90°光标

Small Cursor 45　　小 45°光标

图 2-15　与网格有关的设置

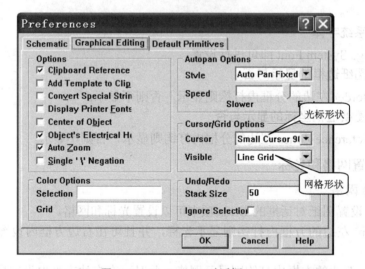

图 2-16　Preferences 对话框

2.3.5　设置文件信息

通过菜单命令【Design】→【Options】或在图纸空白处点击【右键】→【Document Options】，即在 Document Options 对话框中，点击打开 Organization 选项卡，如图 2-17 所示。

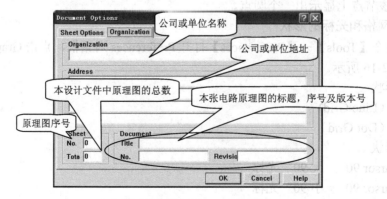

图 2-17　Organization 对话框

2.3.6 电压检测控制电路原理图图纸的设置

鼠标左键双击 ![图标] 进入原理图编辑器。执行菜单命令【Design】→【Options】，进入图纸设置。图纸大小为 A4；捕捉栅格为 5mil；可视栅格为 10mil；系统字体为宋体、字号 11；标题栏格式为 Standard，如图 2-18 所示。设好各参数后先后点击【确定】和【OK】完成设置。

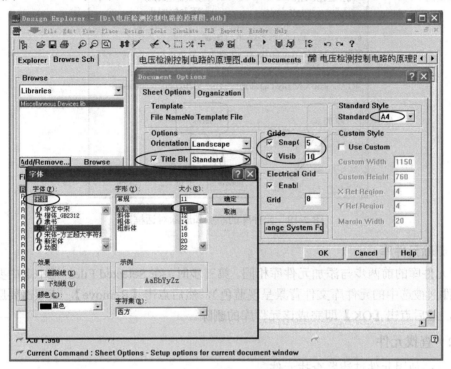

图 2-18　图纸设置

2.4　如何放置元件

2.4.1　装卸元件库

在放置元件之前，为了快速查到所需元件，通常需将该元件所在的元件库载入内存。如果一次载入过多的元件库，将会占用较多的系统资源，同时也会降低应用程序的执行效率。所以，通常只载入必要而常用的元件库，其他特殊的元件库当需要时再载入。

（1）添加元件库的步骤

① 打开"电压检测控制电路.Sch"，即打开原理图编辑器。

② 点击设计管理器中的 Browse Sch 选项卡，然后点击【Add/Remove】按钮或执行菜单命令【Design】→【Add/Remove Library】，屏幕将出现如图 2-19 所示的"元件库的添加和删除"对话框。

③ 在 Design Explorer 99SE\Library\Sch 文件夹下选取元件库文件，然后双击鼠标或点击【Add】按钮，此元件库就会出现在 Selected Files 框中，如图 2-19 所示。

④ 然后点击【OK】按钮，完成该元件库的添加。

【说明】　常用元件库有 Miscellaneous Devices.ddb(多功能器件库)、Protel Dos Schematic Libraries.ddb。

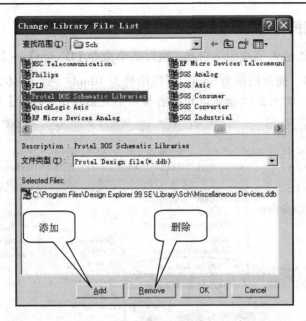

图 2-19 元件库的添加和删除对话框

（2）删除元件库

删除元件库的前两步与添加元件库相同。第三步时，在 Selected Files 框中选中要删除的元件库文件（被选中的元件库文件背景呈现蓝色），然后点击【Remove】，或双击要删除的元件库文件，最后点击【OK】即完成该元件库的删除。

2.4.2 查找元件

方法一：使用元件过滤器查找元件。

在知道元件所属的库或者要查找的为常用元件时，而且已经加载了元件所属的原理图库时，采用此方法比较快捷。

在图 2-20 所示的过滤器 Filter 中输入要查找的元件全名，或者配合使用通配符"*"或"？"都可以方便地在已加载的原理图库中找到所需元件。其中，"*"代表任何一个或多个字符，"？"代表任何一个字符。

(a) 列出当前库所有元件

(b) 列出当前库中 r 开头的元件

(c) 列出当前库中含 555 的元件

图 2-20 使用元件过滤器查找元件

第 2 章 绘制电压检测控制电路的原理图

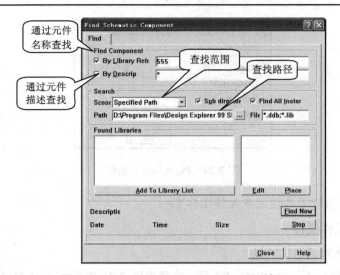

图 2-21　Find Schematic Component 对话框

图 2-22　查找结果示例

方法二：使用上图中"Find"查找元件。

此方法最适用于任何情况下。点击【Find】按钮，弹出如图 2-21 所示对话框，查找结果如图 2-22 所示。

方法三：使用常用工器件具栏（DigitalObjects）。

通过菜单命令【View】→【Toolbars】→【DigitalObjects】即可使用。此方法简便快捷，但只有电阻、电容和常用工具栏所有的集成芯片方可使用此方法。

2.4.3　放置方法

方法一：在过滤器 Filter 中选中要放置的元件（元件背景呈现蓝色），然后点击下方的【Place】按钮（图 2-23）。

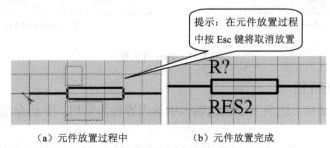

（a）元件放置过程中　　　（b）元件放置完成

图 2-23　放置元件示例

方法二：通过菜单命令【Place】→【Part】（图 2-24）。

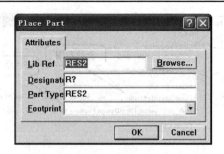

图 2-24 Place Part 对话框

方法三：单击布线工具栏放置元件图标 ⌐D⌐。

2.4.4 设置元件属性

（1）打开 Part 对话框的方法

方法一：在元件放置过程中，按 Tab 键，将弹出图 2-25 所示的 Part 对话框设置元件属性。

方法二：在元件放置完成后，左键双击元件，也将弹出设置 Part 对话框。

方法三：在元件放置完成后，还可以通过菜单命令【Edit】→【Change】实现元件属性的设置。该命令可将编辑状态切换到对象属性编辑模式，此时只需将鼠标指针指向该对象，然后单击鼠标左键，即可打开 Part 对话框。

方法四：使用 2.4.3 中后两种方法放置元件时，将弹出图 2-24 所示的 Place Part 对话框，也可进行属性设置。

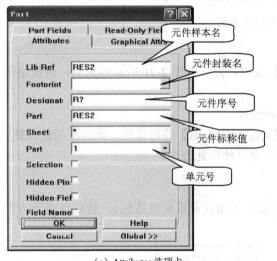
（a）Attributes 选项卡

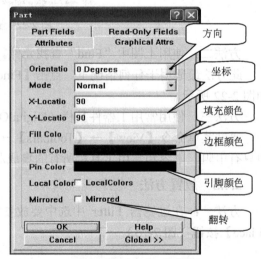
（b）Graphical Attrs 选项卡

图 2-25 Part 对话框

（2）Part 对话框介绍

① Attributes（属性）选项卡　该选项卡中的内容较为常用，下面介绍 Attributes（属性）选项卡。

- Lib Ref：元件样本名，即在元件库中所定义的元件名称，该名称不会显示在绘图纸中。
- Footprint：元件封装名，当把原理图转化成 PCB 图时此项必须输入，且应输入该元件在 PCB 库里的名称。对于同一个元件可以有不同的元件封装形式。例如 74LS00 有双列直插式（DIP14）封装形式，也有表面粘贴式（SMD14A）封装形式。
- Designator：元件序号，即元件在电路图中的流水序号。
- Part Type：元件标称值，即显示在电路图中的元件名称，默认值与元件库中名称 Lib Ref 一致。
- Sheet Path：元件内部电路图纸所在的文件。
- Part：用于指定复合式封装元件中的哪个单元号的元件。例如 74LS00 是由 4 个与非门组成，如果在 Part 项选择 1，则表示选择了第一个与非门，图纸显示 74LS00 的序号为 U1A；如果在 Part 项选择 2，则表示选择了第二个与非门，图纸显示 74LS00 的序号为 U1B，如图 2-26 所示。
- Selection：切换选取状态，选择该选项后，则该元件为选中状态。
- Hidden Pins：是否显示元件的隐藏引脚，选择该选项可显示元件的隐藏引脚。
- Hidden Fields：是否显示 Part Fields 选项卡中的元件数据栏。
- Field Name：是否显示元件数据栏名称。

如果单击 Global 按钮，则显示详细的元件属性，如图 2-27 所示。用户可以在后面弹出详细的操作框中设置匹配属性和拷贝属性。

② Graphical Attrs 选项卡 常用项含义如图 2-25（b）所示。

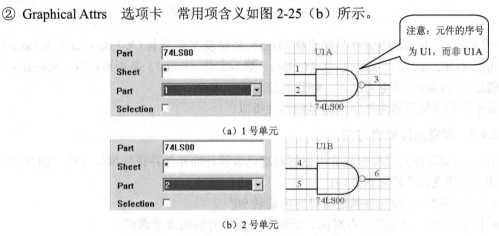

图 2-26 选择复合式封装元件中的不同单元号

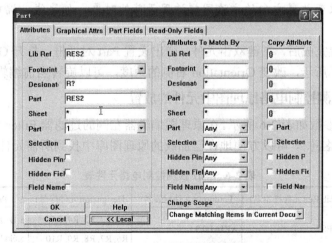

图 2-27 元件属性的详细设置

(3) 编辑元件显示属性

如果在元件的序号或显示名称上双击鼠标左键,则会打开一个针对该属性的对话框。例如在图 2-23 中元件序号"R?"上双击,由于它是 Designator 属性,所以出现对应"Designator"对话框,如图 2-28 所示。

图 2-28 Part Designator 对话框

可以通过此对话框设置序号的名称(Text)、X 轴及 Y 轴坐标(X-Location 及 Y-Location)、旋转角度(Orientation)、显示颜色(Color)、显示字体(Font)、是否被选取(Selection)、是否隐藏显示(Hide)等更为深入、细致的控制特性。

显示名称的显示属性与序号的显示属性类似。

2.4.5 改变元件放置方向

① 在放置元件的过程中或者用鼠标对准已放置好的元件并按住鼠标左键,此时可使用下面的功能键改变元件的放置方向:

- 按空格键,可使元件按逆时针方向旋转 90°;
- 按下 X 键,使元件左右对调,即以十字光标为轴做水平调整;
- 按下 Y 键,使元件上下对调,即以十字光标为轴做垂直调整。

【提示】以上改变放置方向的方法同样适用于其他对象,如导线、端口、电源和接地符号等。

② 在元件放置完成后,左键双击元件,弹出设置 Part 对话框,打开 Graphical Attrs 选项卡,如图 2-25(b)所示,改变 Orientation 右侧的角度,可以旋转当前编辑的元器件。

2.4.6 电压检测控制电路原理图中元件的放置

本电路各元件参数如表 2-6 所示。在原理图编辑器左侧的过滤器 Filter 中输入要查找的元件的 Lib Ref(元件名称),可以方便地在已加载的原理图库中找到所需元件。如图 2-29 所示。

表 2-6 电压检测控制电路元件表

Description(元件描述)	Lib Ref(元件样本名)	Footprint(元件封装名)	Designator(元件序号)	Part Type(元件标称值)
电阻	RES2	AXIAL0.3	R1, R2, R3, R4, R5, R6, R7, R8, R9, R10	5.1kΩ,2.7kΩ,10kΩ,5.6kΩ,1kΩ, 5.6kΩ,680,680,3.3kΩ,51Ω
电位器	POT2	TO-5	RP	5kΩ

续表

Description(元件描述)	Lib Ref(元件样本名)	Footprint(元件封装名)	Designator(元件序号)	Part Type(元件标称值)
电容	CAP	RAD0.2	C2, C3, C4	0.033μF,0.01μF,0.033μF
极性电容	CAP2	RB.2/.4	C1	100μF
三极管	NPN1	TO-92A	V1	2N9014
稳压管	ZENER1	DIODE0.4	VD2	3V
二极管	DIODE	DIODE0.4	VD1, VD3	1N4001, 1N4148
发光二极管	LED	DIODE0.4	VD4, VD5	绿, 红
双向晶闸管	TRIAC	TO-92A	V2	97A6
定时器	555	DIP-8	IC	555
变压器	TRANS	FLY4	T	220/7.5
灯泡	LAMP	RAD0.3	HL	6.3V

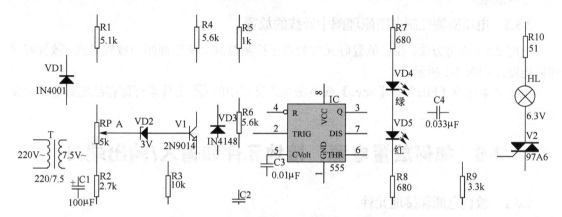

图 2-29 电压检测控制电路原理图中元件的放置

2.5 如何放置导线

2.5.1 放置导线

执行菜单命令【Place】→【Wire】或者使用 WiringTools 工具栏中的 ⟋ 工具，就可以放置导线了，此时鼠标指针的形状也会由箭头变为大十字。这时只需将鼠标指针指向欲拉连线的一端，单击鼠标左键，就会出现一个可以随鼠标指针移动的预拉线。第二次点击鼠标左键便可完成连线，点击鼠标右键退出放置导线。

在放置导线过程中点击鼠标右键或者按下 Esc 键可退出放置导线。

当鼠标指针移动到连线的转弯点时，单击鼠标左键就可定位一次转弯。

当导线的两端不在同一水平线和垂直线上时，在鼠标指针移动过程中，按下空格键可以改变导线的走向。导线的走向如图 2-30 所示。

图 2-30 导线的走向

2.5.2 设置导线属性

① 当系统处于预拉线状态时，按下 Tab 键将弹出 Wire(导线)属性设置对话框，如图 2-31 所示。

② 当导线已经放置好后，可以左键双击导线或右键单击导线选择【Properties】命令，打开导线属性设置对话框。

- Wire：设置导线宽度。单击下拉列表框，有 Large（大）、Medium（中）、Small（小）、Smallest（最小）4 种类型可供选择。
- Color：颜色设置框，点击可以设置导线颜色。
- Selection：设置导线是否被选取，右侧方框打钩表示被选取。

图 2-31 导线属性设置对话框

2.5.3 电压检测控制电路原理图中导线的放置

按照 2.5.1 所讲方法，在已放置好元件的电压检测控制电路原理图中放置导线。放置好导线的电路图如图 2-1 所示。

执行菜单命令【File】→【Save】或点击主工具栏中的 工具即可保存绘制好的原理图文件。

2.6 如何放置电源、接地元件和输入/输出端口

2.6.1 放置电源和接地元件

（1）调用放置电源和接地元件的方法

VCC 电源元件与 GND 接地元件必须通过菜单命令【Place】→【Power Port】或 Power Objects（电源及接地）工具栏的工具来调用。

（2）设置电源和接地符号

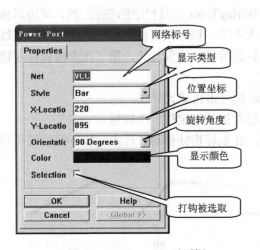

图 2-32 Power Port 对话框

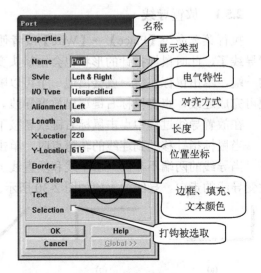

图 2-33 端口属性设置对话框

① 执行菜单命令【Place】→【Power Port】或点击 PowerObjects（电源及接地）工具栏里的工具后，编辑窗口中会有一个随鼠标指针移动的电源符号，按 Tab 键，将会出现如图 2-32 所示的对话框。

② 对于已放置好的电源元件，左键双击电源元件或使用右键菜单的【Properties】命令，也可以弹出 Power Port 对话框。

2.6.2 放置输入/输出端口

端口用来表示各原理图图纸之间的连接关系。

执行菜单命令【Place】→【Port】或点击 Wiring Tools（布线）工具栏中的 工具，此时按 Tab 键，将会出现如图 2-33 所示的端口属性设置对话框。

对于已放置好的端口，左键双击端口或使用右键菜单的【Properties】命令，也可以弹出端口属性设置对话框。

端口类型（Style）如图 2-34 所示。

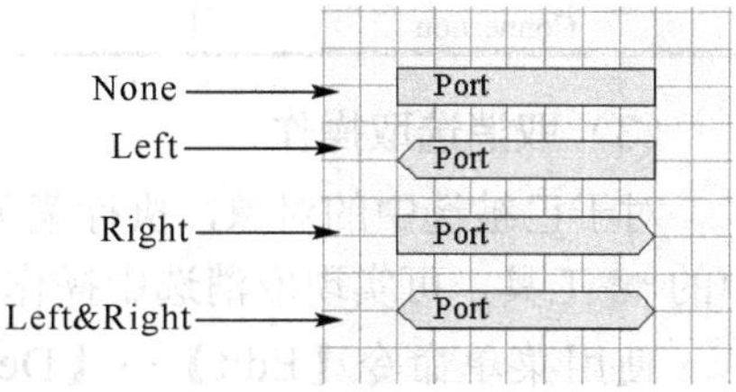

图 2-34 端口类型

2.7 如何编辑对象

2.7.1 选取对象和取消选取操作

（1）单个对象的选取

方法一：确定了所选对象后，先将鼠标光标移动到目标对象的左上角，按住鼠标左键，然后将光标拖拽到对象的右下角，将要移动的对象全部框起来，松开左键，如被框起来的元件变成黄色，则表明被选中。

方法二：用鼠标对准所需要选中的对象，双击鼠标左键，弹出属性设置对话框，将 Selection 选项的右侧方框内打钩，元件即被选中，其周围出现黄色方框。

（2）多个对象的选取

Protel 99SE 提供了多种选取对象的方法。

① 逐次选中多个对象　执行菜单命令【Edit】→【Toggle Selection】，出现十字光标，移动光标到目标对象，单击鼠标左键即可选中。用同样的方法可选中其他的目标对象。

逐个选中多个对象，也可以按住 Shift 键，然后使用鼠标逐个选中所需要选择的对象。

② 同时选中多个对象　确定了所选对象后，先将鼠标光标移动到目标对象组的左上角，按住鼠标左键，然后将光标拖拽到目标区域的右下角，将要移动的对象全部框起来，松开左键，如被框起来的对象变成黄色，则表明被选中。另外，用主工具栏按钮也可完成任务。

还可以使用菜单命令【Edit】→【Select】的子菜单中的各个命令来实现对对象的选取，如图 2-35 所示。菜单命令见表 2-7。

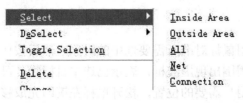

图 2-35 【Edit】→【Select】的子菜单

表 2-7　【Edit】→【Select】的子菜单命令列表

菜单命令	功能
Inside Area	将区域内所有对象选中
Outside Area	将区域外所有对象选中
All	将原理图中所有对象选中
Net	将原理图中某网络的所有元件及导线选中
Connection	将连接在一起的元件选中

（3）取消选取操作

对于已被选中的对象，执行菜单命令【Edit】→【Deselect】→【All】或者使用主工具栏中的 工具，可实现取消选中操作。

使用菜单命令【Edit】→【Deselect】的子菜单中的各个命令来实现取消选取操作，如图 2-36 和表 2-8 所示。

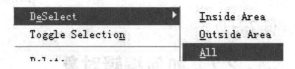

图 2-36　【Edit】→【Deselect】子菜单

表 2-8　【Edit】→【Deselect】的子菜单命令列表

菜单命令	功能
Inside Area	将区域内所有对象取消选中
Outside Area	将区域外所有对象取消选中
All	将原理图中所有对象取消选中

2.7.2　删除对象

① 使用 Delete 键：适用于点取的单个对象的删除。

② 使用 Ctrl+Delete 键或使用菜单命令【Edit】→【Clear】：适用于选取的对象，此方法对单个或多个元件的删除均适用。

③ 执行菜单命令【Edit】→【Delete】：启动 Delete 命令之前不需要选取对象，启动 Delete 命令之后，光标变成十字状，将光标移到所要删除的元件上点击鼠标，即可删除元件。此命令可连续删除多个对象。点击鼠标右键退出命令。

【注意】点取与选取是不同的，点取对象的方法是在元件的中央点击一下鼠标左键，对象即可被选中，被选中的元件周围出现虚线框，被选中的导线两端出现灰色的实心小方框。而用选取的方法选中的元件周围出现的是黄色实线方框，被选取的导线变成黄色。

2.7.3　移动对象

（1）单个元件的移动

具体操作过程如下：用鼠标对准所需要选中的对象，然后按住鼠标左键，所选中的元件出现十字光标，并在元件周围出现虚线框，表示已选中目标物，可移动该对象。拖动鼠标移动十字光标，将其拖拽到用户需要的位置，松开鼠标左键即完成移动任务。

对于已选取的对象（元件周围出现黄色方框，导线变为黄色），执行菜单命令【Edit】→

【Move】或者使用主工具栏中的 ✛ 工具，拖动鼠标移动十字光标，将其拖拽到用户需要的位置，松开鼠标左键即完成移动任务。不同的是执行菜单命令完成任务后，仍处于此命令状态，可以继续移动其他元器件。

移动单个元件还有另外一种方法：左键双击元件，弹出设置 Part 对话框，打开 Graphical Attrs 选项卡，如图 2-25（b）所示，此时修改 X-Location、Y-Location 的参数值，即改变元件的位置坐标，便可以移动元件的位置。

（2）多个元件的移动

要移动多个元件首先要选中多个元件。2.7.1 中已介绍选中多个元件的方法。在选中多个元件后执行菜单命令【Edit】→【Move】→【Move Selection】或者使用主工具栏中的 ✛ 工具即可实现元件的移动操作。

2.7.4 对齐对象

（1）菜单 Align 命令

对齐对象可使用菜单命令【Edit】→【Align】，如图 2-37 所示。各命令功能见表 2-9。

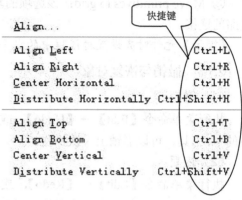

图 2-37 【Edit】→【Align】子菜单

表 2-9 对齐对象命令功能描述

命 令	描 述
Align Left	将选取的元件，向最左边的元件对齐
Align Right	将选取的元件，向最右边的元件对齐
Center Horizontal	将选取的元件，向最左边元件和最右边元件的中间位置对齐
Distribute Horizontally	将选取的元件，在最左边元件和最右边元件之间等间距放置
Align Top	将选取的元件，向最上面的元件对齐
Align Bottom	将选取的元件，向最下面的元件对齐
Center Vertical	将选取的元件，向最上面元件和最下面元件的中间位置对齐
Distribute Vertically	将选取的元件，在最上面元件和最下面元件之间等间距放置

图 2-38 "元件对齐设置"对话框

（2）Align…命令

点击菜单命令【Edit】→【Align】→【Align…】，屏幕会出现如图 2-38 所示的"元件对齐设置"对话框。下面介绍元件对齐设置对话框中的各个选项。

① Horizontal Alignment：水平对齐区域。
- No Change：保持原状。
- Left：等同于 Align Left 命令。
- Right：等同于 Align Right 命令。
- Center：等同于 Center Horizontal 命令。
- Distribute equally：等同于 Distribute Horizontal 命令。

② Vertical Alignment：垂直对齐区域。

- No Change：保持原状。
- Top：等同于 Align Top 命令。
- Bottom：等同于 Align Bottom 命令。
- Center：等同于 Center Vertical 命令。
- Distribute equally：等同于 Distribute Vertically 命令。

③ Move primitives to grid：该选项的功能是在设定对齐时，将元件移到格点上，以利于线路的连接。

【提示】元件对齐设置对话框中的水平和垂直方向的对齐可以同时设置。

2.7.5 撤销与恢复对象

（1）撤销

执行菜单命令【Edit】→【Undo】，或者使用快捷键 Alt+Backspace，或者使用主工具栏中的 ↶ 工具，可以撤销上一次操作。

（2）恢复

执行菜单命令【Edit】→【Redo】，或者使用快捷键 Ctrl+Backspace，或者使用主工具栏中的 ↷ 工具，可以恢复上一次撤销的操作。

2.7.6 复制、剪切和粘贴对象

（1）复制对象

执行菜单命令【Edit】→【Copy】，将选取的元件作为副本，放入剪贴板中。在将元件复制到剪贴板前，必须先选取所要复制的元件，选取后的元件周围会出现黄色框。选取元件后，启动复制命令，光标变成十字状，将光标移到已选取的元件上，点击鼠标，即可将元件复制到剪贴板中。启动复制命令也可以按快捷键 Ctrl+C 来实现。

（2）剪切对象

执行菜单命令【Edit】→【Cut】，将选取的元件直接移入剪贴板中，同时电路图上的被选元件被删除。在将元件剪切到剪贴板前，必须先选取所要剪切的元件。启动剪切命令后，光标变成十字状，将光标移到已选取的元件，点击鼠标后即可将元件移动到剪贴板中，同时电路图上选取的元件被删除。启动剪切命令也可以按快捷键 Ctrl+X 或者使用主工具栏中的 ✂ 工具来实现。

（3）粘贴对象

执行菜单命令【Edit】→【Paste】，将剪贴板里的内容作为副本，放入电路图中。启动粘贴命令后，光标变成十字状，且光标上带着剪贴板中的元件，将光标移到合适位置，点击鼠标，即可在该处粘贴元件。启动粘贴命令也可以按快捷键 Ctrl+V 或者使用主工具栏中的 ↘ 工具来实现。

【注意】复制对象时，当用户选择了需要复制的对象后，系统还要求用户选择一个复制基点，该基点很重要，用户应很好地选择这个基点，这样可以方便后面的粘贴操作。

2.8 如何改变视窗操作

2.8.1 工作窗口的缩放

（1）工作窗口放大的四种方法

① 使用键盘上的 PageUp 键，将以鼠标为中心放大。

② 点击主工具栏的 🔍 图标,将以鼠标为中心放大。
③ 通过菜单命令【View】→【Area】,可以放大框选区域。
④ 通过菜单命令【View】→【Around Point】,可以放大以左键点击的第一点为矩形框的中心、以左键点击的第二点为矩形框的拐角点的矩形区域。

(2) 工作窗口的缩小

使用键盘上的 PageDown 键或点击主工具栏的 🔍 图标。

(3) 改变视窗大小

① 通过菜单命令【View】→【Fit Document】,使得窗口恢复到显示整个文件。
② 通过菜单命令【View】→【Fit All Objects】,将只显示已绘图部分。

2.8.2 窗口的刷新

① 使用键盘上的 End 键,对绘图区的图样进行更新,恢复正常的显示状态。
② 通过菜单命令【View】→【Refresh】,功能同上。

2.9 上机实训 绘制 555 振荡器与积分器电路原理图

(1) 上机任务

绘制如图 2-39 所示的 555 振荡器与积分器电路原理图。

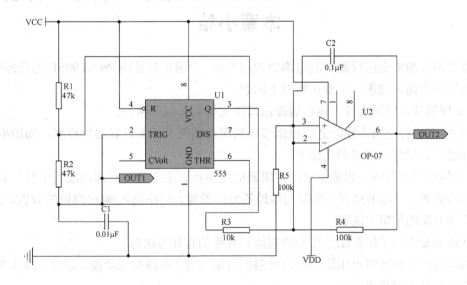

图 2-39 555 振荡器与积分器电路原理图

(2) 任务分析

该电路主要由电阻、电容、555 定时器、运算放大器 OP-07、端口以及电源和地组成。该电路图中元件均可从元件库"Miscellaneous Devices.lib"、"Protel DOS Schematic Linear.lib"、"Protel DOS Schematic Operational Amplifiers.lib"中查到,端口、电源和地在【Wiring Tools】中可查到。

(3) 操作步骤和提示

① 建立工程设计文件,命名为"555 振荡器与积分器电路.ddb"。

② 建立原理图文件。在上述工程设计文件的 Documents 下新建一个原理图文件，取名 "555 振荡器与积分器电路.Sch"。

③ 文件设置：图纸大小为 A4，捕捉栅格 5mil，可视栅格为 10mil；系统字体为宋体、字号 12；标题栏格式为 Standard。

(4) 原理图绘制

a. 本图的元器件列表如下，可按表 2-10 进行元件的属性设置。

表 2-10　555 振荡器与积分器电路元件表

Description (元件描述)	Lib Ref (元件样本名)	Footprint (元件封装名)	Designator (元件序号)	Part Type (元件标称值)
电阻	RES2	AXIAL0.3	R1, R2, R3, R4, R5	47kΩ, 47kΩ, 10kΩ, 100kΩ, 100kΩ
电容	CAP	RAD0.3	C1,C2	0.01μF, 0.1μF
定时器	555	DIP8	U1	555
放大器	OP-07	DIP8	U2	OP-07

b. 放置元件。利用查找功能找到主要元件，查找时使用通配符*，单击原理图浏览管理器 Browse Sch 中的【Find】按钮，然后在 By Library Reference 栏中输入 "*555*"，就可以在 "Protel DOS Schematic Linear.lib" 中找到 555。其他主要元件也可采用上述方法查找。

c. 绘制导线、端口、电源和地。在工具栏【WiringTools】中均可查到这些符号。

本章小结

本章介绍以绘制电压检测控制电路原理图为例，介绍如何使用 Protel 99SE 的原理图编辑器绘制较简单电路原理图，主要包括以下内容。

① 如何新建原理图文件，包括修改原理图文件名和保存路径。

② 如何在进行电路图绘制之前根据实际情况对图纸及相关内容进行设置，如图纸大小、方向、标题栏、颜色、网格和光标等。

③ 如何绘制电路图，包括原理图编辑器的主菜单、主工具栏和其他常用工具栏的使用，还有元件的放置、导线的放置、电源与接地符号的设置、电路输入/输出端口的放置、改变视窗的操作和对象的编辑方法等。

此外还简要介绍了原理图元件库的装卸和元件的查找方法等。

在本章习题后面还将电压检测控制电路的考试内容（电路实现功能、原理、调试方法等）作为本章的补充内容简要附上。

习　题

2-1　绘制如图 2-40 所示的单管放大电路原理图。

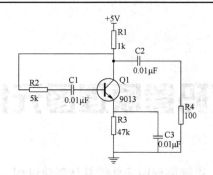

图 2-40 单管放大电路原理图

2-2 绘制如图 2-41 所示的电压检测与显示电路原理图。

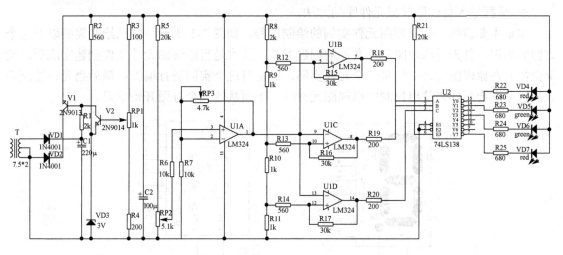

图 2-41 电压检测与显示电路原理图

第 3 章　数码管原理图元件库的制作

【本章学习目标】

本章以数码管元件为例，讲解原理图元件的具体创建过程，以达到以下学习目标：

◇ 掌握原理图元件的创建方法；
◇ 掌握原理图元件的编辑方法；
◇ 掌握导入自制原理图元件库的方法。

本章主要讲解一个原理图元件实例的绘制过程，如图 3-1 所示。完成绘制需要以下几个方面的知识：首先是原理图元件文件的创建方法；其次是当原理图元件文件创建完成后，要学会如何在原理图文件中绘制一个元件实例，以及对这个实例进行编辑；最后当元件绘制完成后，要学会怎样来使用自制的原理图元件库。下面从这三个方面开始学习。

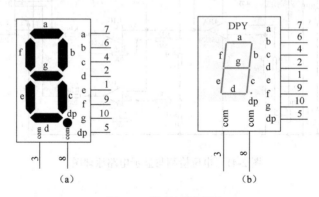

图 3-1　数码管原理图

3.1　创建原理图元件

3.1.1　新建原理图库文件

新建原理图库文件的步骤如下。

① 创建一个项目文件。执行【File】→【New】菜单命令，系统将显示新建文件对话框，如图 3-2 所示。

② 从对话框中选择原理图元件库文件图标 "Schematic Library Document"，双击图标或者单击【OK】按钮，将新建一个默认文件名为 "Schlib1.lib" 的原理图元件库文件。此文件名可以被更改为任何便于记忆的名字，例如 8SEG_DPY.lib。对于编辑者而言，一看就知道是 8 段 LED

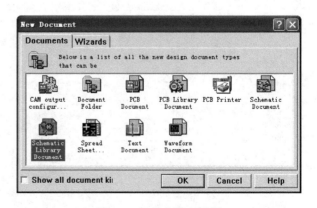

图 3-2　新建文件对话框

数码管。

③ 双击原理图库文件名 8SEG_DPY.lib，进入原理图元件库编辑器界面，如图 3-3 所示。

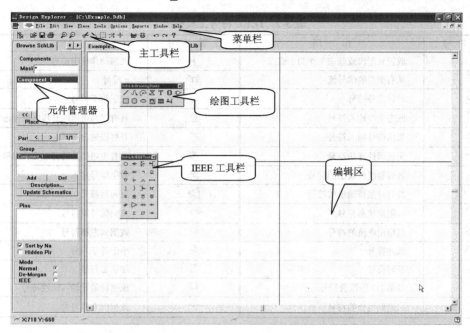

图 3-3　元件库编辑器界面

3.1.2　元件库编辑器简介

当用户启动元件库编辑器后，屏幕将出现元件库编辑器界面。元件库编辑器与原理图设计编辑器界面相似，主要由元件管理器、主工具栏、菜单、常用工具栏、编辑区等组成。不同在于元件库编辑器中央有一个十字坐标轴，将元件编辑区划分为四个象限，象限的定义和数学上的定义相同。一般在第四象限中进行元件的编辑工作。

默认情况下有两个浮动工具栏，一个是 SchLibDrawingTools（元件库绘图工具栏），另一个是 SchLibIEEETools(IEEE 工具栏)。

元件绘图工具栏中各工具常用来绘制元件库中元件的边框和外形，以及放置相应的引脚。可以通过菜单命令【View】→【Toolbars】→【DrawingTools】或者利用主工具栏中的按钮来打开或者关闭元件绘图工具栏，其中各个工具的作用如表 3-1 所示。

表 3-1　绘图工具的作用

工具符号	作用	工具符号	作用
/	绘制直线	▭	绘制矩形
∿	绘制贝塞尔曲线（如信号波形）	▢	绘制圆角矩形
⌒	绘制椭圆弧	◯	绘制椭圆
⨉	绘制多边形	▣	粘贴图片
T	放置文字	▦	阵列粘贴（复制多个元件）
▯	创建新文件	⊣	放置元件引脚
⊃	添加子元件		

IEEE 符号工具栏通常用于绘制符合 IEEE 标准的符号，可以通过【View】→【Toolbars】→

【IEEEToolbar】或者利用主工具栏中的 按钮来实现打开或关闭 IEEE 符号工具栏，其中各个工具的作用如表 3-2 所示。

表 3-2　IEEE 符号工具栏

工具符号	作　用	工具符号	作　用
○	放置负逻辑或低态工作的小圆点	ㄴ	低态动作输出符号
←	从右至左的信号流	π	π 符号
▷	时钟信号符号	≥	大于等于符号
ㄱ	低态工作输入符号	⇧	具有提高电阻的开集电极输出符号
∩	类比信号输入符号	◇	开射极输出符号
✳	无逻辑性连接符号	⬦	具有电阻接地的开射极输出符号
⌐	具有暂缓性输出的符号	#	数字信号输入
⇩	具有开集极输出的符号	▷	反向器符号
▽	高阻抗状态符号	◁▷	双向信号流符号
▷	高扇出电流的符号	←	数据向左移符号
⊓	脉冲符号	≤	小于等于符号
⊢⊣	延时符号	Σ	加法 Σ 符号
]	多条 I/O 线组合符号	⊓	施密特触发输入特性符号
}	二进制组合的符号	→	数据向右移符号

3.1.3　绘制原理图元件

（1）绘制图 3-1(a)原理图元件的步骤

① 单击【File】→【New】菜单命令，从编辑器选择框中选中原理图元件库编辑器，然后双击库文件图标，默认名为"Schilib1.lib"，更改其为 8SEG_DPY.lib，双击库文件进入原理图元件库编辑工作界面。

② 绘制矩形框。执行菜单命令【Place】→【Rectangle】或者利用绘图工具栏中的矩形绘制工具 ▢，根据元件管脚的多少，在图纸的中心绘制一个大小合适的矩形，如图 3-4 所示。

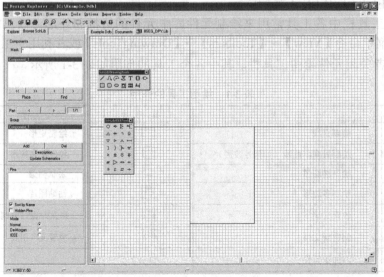

图 3-4　绘制好的矩形

【注意】在绘制矩形前应把图纸放大到可以看到网格，并将矩形的左上角起点绘制在十字形辅助线的正中心。

③ 绘制数码管的笔段。执行菜单命令【Place】→【Polygons】或者选择绘制多边形工具 ，按下键盘上的 Tab 键，弹出多边形属性对话框，如图 3-5 所示。单击 Fill Color 填充颜色框，弹出如图 3-6 所示的选择颜色对话框。选择红色后，单击【OK】按钮完成颜色修改。使用同样的设置方法，可以将 Border Color 边框颜色也修改为红色。按快捷键 Page Up 放大图纸，按照如图 3-7（a）所示的顺序绘制多边形框作为数码管的笔段。

④ 选中刚才绘制的多边形框，通过 Ctrl+C 复制、Ctrl+V 粘贴的办法绘制数码管的其他段。如果要绘制垂直的笔段，粘贴时按空格键可以旋转 90°。绘制好的笔段如图 3-7（b）所示，其中 a～g 由文本工具 T 添加。

  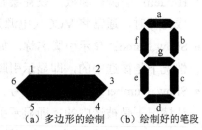

图 3-5　多边形属性对话框　　图 3-6　选择颜色对话框　　图 3-7　绘制数码管笔段

⑤ 绘制数码管的小数点。选择椭圆绘制工具 ◯，按照图 3-8 所示的步骤绘制小数点。

  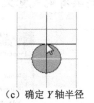

（a）确定圆心　　　（b）确定 X 轴半径　　　（c）确定 Y 轴半径　　　（d）绘制完成

图 3-8　小数点绘制过程

【注意】绘制小数点前，同样可以通过按键盘上的 Tab 键，弹出椭圆属性对话框，设置颜色等参数。

【操作技巧】在绘制数码管的笔段和小数点这些小图形时，可以修改光标移动的步距，从而更方便地绘制。如图 3-9 所示，执行【Options】→【Document Option】菜单命令或者单击右键选择【Document Option】命令，弹出如图 3-10 所示的元件库编辑器设置对话框，在 Snap Grid 后面的空格里可以输入想要的步距，默认情况下的步距是 10。

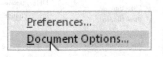

图 3-9　Options 菜单

在绘制小图形时，可以将其改为 3 或者更小的值（例如 1），这样光标就可以任意移动了，绘制完成后恢复默认值。

⑥ 添加元件端子。执行菜单命令【Place】→【Pins】或者使用绘图工具栏中的放置引脚

工具 ![pin], 可将编辑模式切换到放置引脚模式, 此时鼠标指针旁边会多出一个十字符号及一条短线, 这个短线即是引脚。放置引脚之前, 可按键盘上 Tab 键弹出引脚对话框, 如图 3-11 所示。其主要属性如下。

- Name: 引脚名称。一般显示在引脚的一端, 引脚的这一端通常放置在靠里一侧, 无电气意义。
- Number: 引脚编号。一般以数字表示实际元件的引脚号。
- X-Location、Y-Location: 显示引脚名称一端的端点坐标。
- Orientation: 引脚的方向。例如是 0°, 还是 90° 等。
- Color: 引脚的颜色。
- Dot Symbol: 是否给引脚加代表负逻辑工作的小圆点。
- Clk Symbol: 是否给引脚加代表时钟信号的标志。
- Electrical Type: 电气特性。用于设定引脚是输入还是输出端, 或者是电源。
- Hidden: 引脚被隐藏。设置绘制的引脚被隐藏, 可以选中该复选框。例如在画一些集成元件时, 通常将 VCC（电源）信号与 GND（接地）信号引脚隐藏。
- Show Name: 显示引脚名称。如果想隐藏引脚名称, 可以去掉该复选框前的√。默认情况下是被选中的, 即显示引脚名称。
- Show Number: 显示引脚编号。如果想隐藏引脚编号, 可以去掉该复选框前的√。默认情况下是被选中的, 即显示引脚编号。
- Pin Length: 引脚长度。单位是"百分之几英寸"。设置引脚的长度, 默认值是 30。
- Selection: 引脚被放置后处于选中状态, 默认情况下是不选中。

【注意】引脚参数中重要的有引脚名称和引脚编号。其他参数根据实际情况, 需要时才设置。在放置引脚时一定要将具有电气意义的一端放在靠外一侧, 如图 3-12 所示。

图 3-10　元件库编辑器设置对话框

图 3-11　引脚属性对话框

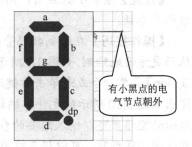

图 3-12　放置引脚

设置好引脚属性后,依次放置 8 个引脚。引脚属性如表 3-3 所示。

表 3-3 数码管引脚属性表

引脚编号	引脚名称	引脚长度
1	e	20
2	d	20
3	com	20
4	c	20
5	dp	20
6	b	20
7	a	20
8	com	20
9	f	20
10	g	20

【注意】放置引脚时也可以先放置,然后双击引脚设置其属性。

引脚放置好后的图形如图 3-13 所示。

⑦ 保存已绘制好的元件。执行菜单命令【Tools】→【Rename Component】,打开元件重命名对话框,如图 3-14 所示。将元件名称改为 DPY8_LED,或者单击右键,从快捷菜单中选中【Tools】→【Rename Component】打开元件重命名对话框。

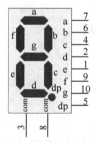

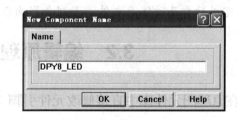

图 3-13 绘制好的八段数码管元件　　　　图 3-14 元件重命名对话框

当执行完上述操作后,可以查看一下元件库管理器(如图 3-3 所示),其中已经添加了一个 DPY_8_LED 元件,该元件位于 8SEG_DPY.lib 中,而 8SEG_DPY.lib 属于 Example.ddb(本实例新建的设计数据库)数据库文件。

用户如果想在原理图设计时使用此元件,只需将库文件装载到元件库中,取用元件 DPY_8_LED 即可。另外,如果用户要在现有的元件库中加入新设计的元件,只要双击已经存在的元件库文件,进入元件库编辑器,执行菜单命令【Tools】→【New Component】,然后就可以按照上面的步骤设计新的元件了。

(2)绘制图 3-1(b)原理图元件的步骤

① 新建元件。双击文件 8SEG_DPY.lib,进入元件库编辑器。单击【Tools】→【New Component】,弹出图 3-14 所示的对话框,输入 DPY_8_LED1,点击【OK】按钮,在原来的库中添加了一个新元件 DPY_8_LED1。

② 绘制数码管笔段。执行菜单命令【Place】→【Line】或者利用绘图工具栏的直线绘

制工具，按下 Tab 键弹出直线属性对话框，如图 3-15 所示。单击 Color 颜色选择框弹出如图 3-16 所示的选择颜色对话框，选择黑色，单击【OK】按钮完成颜色修改。按照如图 3-17 的 a～g 的顺序绘制直线。

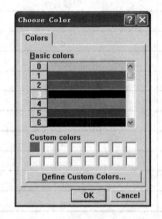

图 3-15　直线属性对话框　　　　图 3-16　选择颜色对话框　　　　图 3-17　数码管笔段的绘制

③ 绘制数码管的小数点 h 段。选择椭圆绘制工具，按照图 3-8 所示的步骤绘制小数点。

④ 放置元件引脚，步骤同绘制图 3-1（a）元件引脚。

⑤ 保存已绘制好的元件，执行菜单命令【Tools】→【Rename Component】，打开新元件名对话框，如图 3-14 所示。将元件名称改为 DPY_8_LED。

【注意】完成后要及时保存文件，否则会影响后面的元件调用。

3.2　编辑原理图元件

3.2.1　在原理图元件库中直接修改元件引脚

在绘制原理图的过程中，在元件库中所找到的元件与实际所需要的元件只有个别的引脚需要修改，并且此元件已经被放置到原理图中，此时可以直接在元件库中对该元件引脚进行编辑修改，如图 3-18（a）所示是原理图元件 8 段数码管，而如图 3-18（b）所示是所需要的 8 段数码管，它们之间区别在于引脚编号和引脚数不同。具体步骤如下。

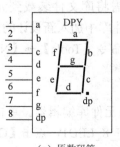
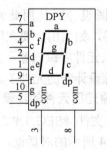

（a）原数码管　　　　　　　　（b）修改好的数码管

图 3-18　数码管

① 可以单击原理图编辑器左边的 Edit 进入元件库制作环境。

② 将引脚编号修改并添加编号分别为 3 和 8 的两个公共端引脚，完成如图 3-18（b）所示的 8 段数码管。

③ 点击元件库编辑器左边的【Update Schematics】按钮，原理图中的元件由图 3-18（a）所示变成了图 3-18（b）所示的数码管。

【注意】此种方法只适用于快速方便绘制原理图。这样绘制的原理图不适合制作印制电路板，因为直接修改的元件并未保存入相应的元件库。在印制电路板制作中导入网络表时，直接修改的元件部分与原理图中与之相连的部分并不存在电气连接，需要自己来添加连接，在印制电路板的制作中反而增加了难度。

3.2.2 快速绘制原理图元件

在绘制原理图时，大家可能会遇到这种情况，Protel 99SE 中存在与该类型相似的原理图元件，但是与实际需要的符号之间还是有一定的差异。如果按照前面讲述的原理图元件的绘制一步一步来绘制的话可能耗费很多的时间，特别是对于管脚比较多、比较复杂的器件。此时也可以采用前面讲过的方法直接在元件库中对元件进行修改，修改后必须要保存，这样可能会破坏 Protel 99SE 原有的元件库，而且下次还需要使用未编辑前的该元件原理图符号，因此可以采用下面介绍的方法。那就是先将该原理图元件复制，再进行修改。这样，相当于自己创建了一个新元件，不会破坏原元件库，只是没有按部就班来罢了。下面讲一下具体的操作步骤。

如图 3-19（a）所示为 Protel 99SE 中"Protel DOS Schmatic Linear.lib"(线性元件库)中的 555 原理图符号，而现在需要的 555 符号如图 3-19（b）所示。

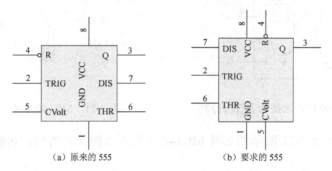

(a) 原来的 555　　　　　　　　(b) 要求的 555

图 3-19　要修改的变压器原理图符号

（1）复制元件

① 打开 555 原理图符号所在的元件库。在 Protel 99SE 原理图编辑器界面中，单击元件管理器顶部的 Browse Sch 标签，在此标签下的对象浏览框中选择 Libraries，单击【Add/Remove】按钮，弹出添加\删除元件库对话框。选择相应的"Protel DOS Schmatic Libraries.ddb"文件，单击【Add】按钮装入需要的元件库。我们现在要复制的元件在元件库"Protel DOS Schmatic Linear.lib"中。在元件浏览器中选中 555，单击 Browse Sch 标签上的【Edit】按钮进入元件编辑器环境。

② 复制该元件。用鼠标将该元件框住，采取 Ctrl＋C 组合键复制。

（2）粘贴编辑元件

① 自制一个元件库文件，改名为 555-1.Lib。双击进入元件编辑器环境，在第四象限中

选择合适的地方，采取 Ctrl+V 组合键粘贴复制的元件。粘贴好的元件与所需元件符号还有一定的差异，还需要编辑。

② 编辑元件。对比元件与所需要的元件的差异，只需在相应的引脚部分进行编辑即可得到如图 3-19（b）所示的 555 元件。

③ 保存元件。

【注意】在打开元件库复制好相应的元件后最好及时地将元件库关闭，以免造成对元件库的破坏。

3.2.3 制作含有子元件的元件

（1）子元件的概念

对于很多数字电路而言，其内部往往由结构完全相同的各子元件组成。图 3-20 所示为数字集成电路元件 74LS00 的内部结构和管脚排列图，可以看到 74LS00 由四个完全相同的二输入与非门组成。左下脚 7 为 GND，右上脚 14 为 VCC。整个芯片采用 DIP（双列直插）结构。

在电路的实际使用中，可能只会用到其中的一个与非门。那么这一个与非门就是整个 74LS00 芯片中的一个子元件。如果在绘制 74LS00 元件时采用如图 3-20 所示的元件符号，那么绘制原理图时会使整个原理图面积过大，因此采用图 3-22 所示的分单元制作的方法。

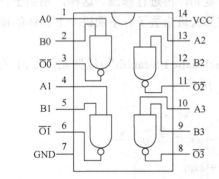

图 3-20 74LS00 的内部结构和管脚排列

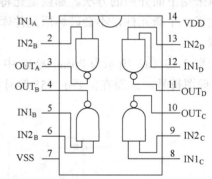

图 3-21 MC14093 的内部结构和管脚排列

现在以制作如图 3-21 所示的芯片 MC14093 的原理图元件为例，讲解含有子元件原理图元件的制作方法。

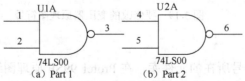

图 3-22 分单元制作的 74LS00 原理图元件

（2）绘制第一个子元件

① 自己建立一个元件库文件，并取名为"元件库.lib"。双击元件库文件进入元件库编辑界面。

② 利用前面讲过的绘图工具绘制 MC14093 的第一个子元件 Part 1（图 3-23）。

【注意】在 Part 1 的绘制中，已经将 MC14093 的 VDD 和 VSS 端绘制好了，且设置它们的属性为隐藏，电气特性为 power（图 3-24）。因此在 Part 2 的绘制过程中可以省去 VDD 和

VSS 端的绘制，因为一个 MC14093 芯片只有一个 VDD 和 VSS。

图 3-23　MC14093 的 Part 1　　　　图 3-24　隐藏 VDD 和 VSS 后的 Part 1

（3）绘制第二个子元件

执行菜单命令【Tools】→【New Part】或者利用绘图工具栏中的添加子元件工具，元件库编辑器将进入如图 3-25 所示的第二个子元件 Part 2 的编辑界面。

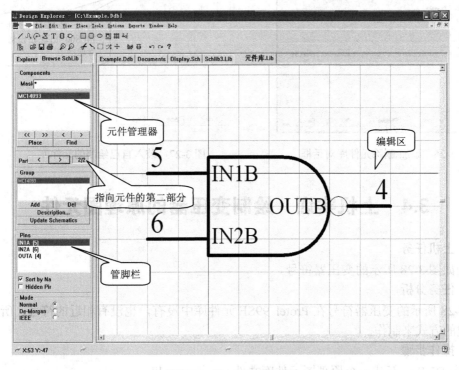

图 3-25　Part 2 编辑界面

采用与绘制 Part 1 一样的方法绘制 Part 2，以及 Part 3、Part 4。

3.3　原理图元件库的调用

前面绘制了自己需要的元件库，那么绘制好的元件库该怎样才能为我们所用呢？要使用自己绘制的元件库或者别人绘制好的元件库，首先就得加载元件库。具体操作如下。

① 在 Protel 99SE 原理图编辑器界面中，单击元件管理器顶部的 Browse Sch 标签，在此标签下的对象浏览框中选择 Libraries，单击【Add/Remove】按钮或者单击主工具栏上的 工具，弹出添加\删除元件库对话框如图 3-26 所示。

② 选择自己绘制的元件库所在的 DDB 文件，单击【Add】按钮，或者直接双击 DDB

文件，文件名将在 Selected Files 区域列出来。

③ 单击【OK】按钮，将自己绘制的元件库装入原理图管理器。此时被装入的 DDB 文件中所包含的所有元件都会显示在设计管理器中，如图 3-27 所示。

图 3-26　添加\删除元件库对话框　　　　图 3-27　装入自己绘制的元件库

3.4　上机实训　绘制变压器的原理图元件

（1）上机任务

绘制如图 3-28 所示的变压器符号。

（2）任务分析

图 3-28 所示的变压器符号在 Protel 99SE 元件库中没有，也没有相近的符号，所以采取自己创建的方式来制作。

（3）操作步骤

① 在 DDB 中新建一个原理图元件库文件 transformer.lib。

② 修改光标的步距数为 1。可以参考 3.1.3 节的小技巧。

③ 复制元件。在 Protel 99SE 原理图编辑器界面中，单击元件管理器顶部的 Browse Sch 标签，选择复制的元件所在元件库 Miscellaneous Devices.lib，选中元件名 TRAN1，单击【Edit】按钮进入元件编辑器环境。用鼠标将该元件框住，采取 Ctrl＋C 组合键复制。

④ 粘贴元件。双击打开 transformer.lib 文件，采取 Ctrl＋V 组合键粘贴复制的元件。

⑤ 编辑元件。删除变压器主副绕组中间一条线。选中右半部分，将其拖动到如图 3-29 所示的位置。再复制它，在下面相应的地方粘贴，从而得到如图 3-30 所示的变压器。再比较一下与图 3-28 所示变压器的差异，只需在相应的引脚部分进行编辑即可。

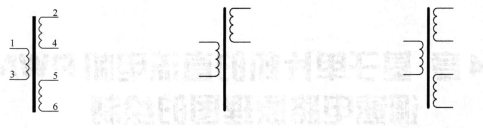

图 3-28　变压器　　　　图 3-29　移动后的变压器元件　　　　图 3-30　粘贴好后的变压器元件

本章小结

本章主要通过一个实例讲解了原理图元件的制作过程和方法，主要有以下几个方面。

① 创建库及添加元件。
② 绘制简单元件。
③ 快速绘制元件。在要求元件与库里的元件差异不是很大时，可以通过复制库中元件加以修改的方式来快速绘制。
④ 怎样绘制带有子元件的元件。要注意各个子元件的绘制，每个子元件是有自己独立的环境的，并不是在一个环境下。
⑤ 自己绘制的元件库调用。绘制完自己的元件后，需要将自制元件库添加到原理图管理器中，否则无法使用。

习　　题

3-1　采用快速绘制法，利用原理图元件库 Intel Memory.lib 里的 27C256 绘制如图 3-31 所示的 62256 原理图元件（Protel 安装文件夹下 Library\Sch\Intel Databooks.ddb）。

3-2　绘制如图 3-32 所示的原理图元件。

3-3　绘制如图 3-33 所示的原理图元件。

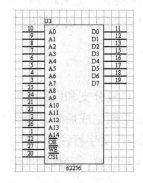
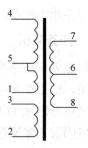

图 3-31　62256 原理图元件　　　图 3-32　双连电位器原理图元件　　　图 3-33　开关变压器原理图元件

第4章 基于单片机的直流电机PWM调速电路原理图的绘制

【本章学习目标】

本章主要以绘制基于单片机的直流电机 PWM 调速电路原理图为例,介绍较复杂电路原理图的绘制方法,达到以下学习目标:
- ✧ 理解总线、总线分支和网络标号的作用;
- ✧ 掌握总线、总线分支和网络标号的绘制方法;
- ✧ 掌握电气规则测试以及修改错误的方法;
- ✧ 掌握绘图工具的使用方法;
- ✧ 掌握原理图的打印和报表生成。

4.1 电路及任务分析

4.1.1 电路分析

该项目整体电路图如图 4-1 所示。电路主要由单片机 U1(INTEL80C52)、锁存器 U2(74LS373)、定时/计数器 U3(INTEL8253)、直流电机驱动器 U4(L298N)、四与门 U5(74LS08)、比较器 U8(LM324)等组成。

主要器件功能:U2 实现地址锁存,定时/计数器 U3 在单片机 U1 控制下产生两路 PWM 脉宽调制信号 PWM1、PWM2,经过四与门 U5 在 P10、P11、P12、P13 控制下实现电机的正转、反转和停止的控制,U4 实现对两个直流电机的驱动。

4.1.2 任务分析

该项目主要训练学生掌握绘制原理图的另一种方法,即采用总线、总线分支和网络标号绘制原理图,这是在实际工作中通常采用的一种绘制方法。另外,图纸绘制完成后学习对该图进行电气规则测试(ERC)及错误修改,以及使用绘图工具对电路图进行文字标注等方法。同时复习巩固前几章原理图绘制的知识点,如元件库调用、元件的查找与放置、元件属性编辑、新元件创建等。

【说明】该电路图中除直流电机驱动器 U4 需自己创建外,其他元件均可从元件库中找到。

第4章 基于单片机的直流电机PWM调速电路原理图的绘制

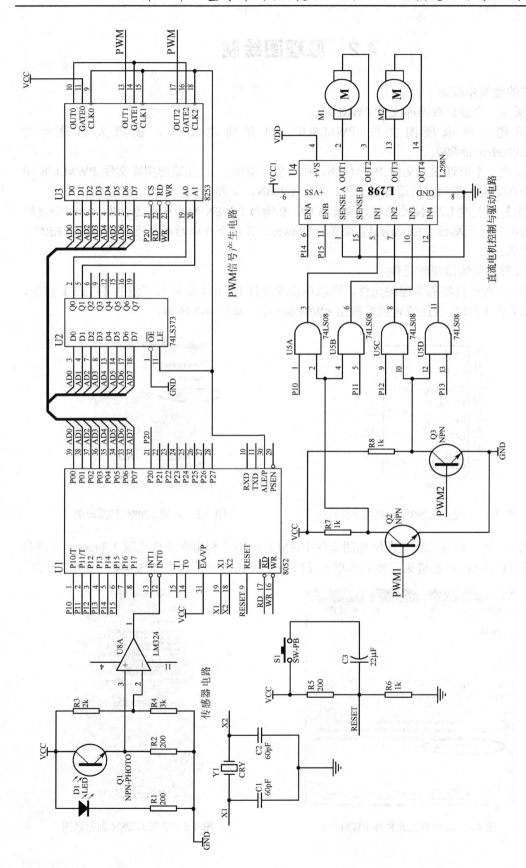

图 4-1 基于单片机的直流电机PWM调速电路原理图

4.2 原理图绘制

该图的绘制步骤如下。

① 新建一个设计数据库文件 PWM.ddb。

② 新建一个原理图文件 PWM.Sch。打开新建文件，图纸大小设置为 Width=1300,Height=800。

③ 新建一个原理图库文件 PWM.Lib。按照前一章的方法，在原理图库文件 PWM.Lib 中创建一个直流电机驱动器的原理图元件，取名 L298N，如图 4-2 所示。

【注意】在创建 L298N 元件时，由于 4 脚、9 脚为 L298N 的两个电源引脚，所以创建时应将这两脚的电气属性（Electrical）设置为 Power，否则会在以后的电气规则检测（ERC）中出现错误。

④ 放置自制的原理图元件

方法一：对于自制的原理图元件，可以单击库文件 PWM.Lib 界面左侧的【Place】按钮，将选中的元件 L298N 直接放置到原理图 PWM.Sch 中，如图 4-3 所示。

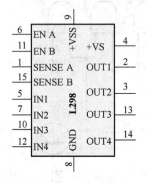

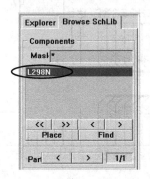

图 4-2 新建的 L298N 原理图元件　　　　　图 4-3 放置 L298N 到原理图

方法二：另一种方法就是在原理图文件 PWM.Sch 中，利用库文件选项 Libraries 先将自制元件库 PWM.Lib 添加进来，然后再单击【Place】按钮进行放置，如图 4-4、图 4-5 所示。

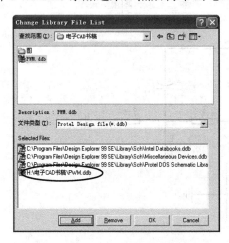

图 4-4 添加自制元件库 PWM.Lib　　　　　图 4-5 放置 L298N 到原理图

⑤ 放置原理图库文件中的元件。电路元件及所属元件库如表 4-1 所示。

表 4-1 PWM 调速电路主要元件

元　件	所在库
8253、8052	Intel Databooks
74LS373、74LS08、LM324	Protel DOS Schematic Libraries
L298N	自己创建
其他元件	Miscellaneous Devices

4.3 添加网络标号和绘制总线

放置完元件之后，接下来就是绘制元件管脚之间的连线了。由图 4-1 可见单片机 U1 与锁存器 U2、定时/计数器 U3、直流电机驱动器 U4、四与门 U5（74LS08）之间的连线较为复杂，包括了数据线、地址线、控制线等。如果还是采用第二章的方法直接连接导线，必然很不方便而且图纸显得很乱，不便于原理图的识图与分析。因此软件提供了一种方便的绘制方法，即采用网络标号和总线来绘制。

4.3.1 添加网络标号

网络标号一般由字母与数字组成，用于表示图纸中相同的导线，具有相同网络标号的导线表示是连接在一起的导线。如单片机 U1 上的网络标号 P10 和四与门 U5 上的网络标号 P10，表示 U1 的 1 脚和 U5 的 1 脚是相连的。

网络标号表示导线连接在一起，因此其具有电气特性，必须使用电气特性的原理图工具。选择主菜单中的【View】→【Toolbars】→【Wiring Tools】选项命令，打开【Wiring Tools】导线绘制工具条。

（1）绘制前要添加网络标号的导线

由于网络标号一定要添加在导线上，因此在添加前，必须先绘制一段导线。如图 4-6 所示。

【注意】网络标号一定要添加在导线上，不要将网络标号直接添加在元件管脚或导线附近的空白区域，否则网络标号和导线之间没有建立起电气联系。

（2）添加一端网络标号

单击【Wiring Tools】工具条中图标 Net，然后按下键盘上的 Tab 键，弹出网络标号属性对话框，如图 4-8 所示。在 Net 栏输入"P10"，可以点击 Font 栏的【Change...】按钮，改变文字的字体和大小，单击【OK】按钮完成设置。这时光标变成十字形，并且带出网络标号"P10"，将光标移动到网络标号的导线上，此时导线上出现黑色小十字电气节点，单击鼠标左键即可放置该网络标号，如图 4-7 所示。

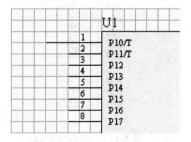

图 4-6　添加网络标号的导线　　　　　　　图 4-7　添加一端网络标号

(3) 添加另一端导线的网络标号

按照相同的方法，添加 U5A 上的另一端导线的网络标号，完成后的效果如图 4-9 所示。

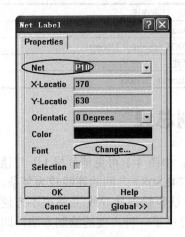

图 4-8　编辑网络标号属性

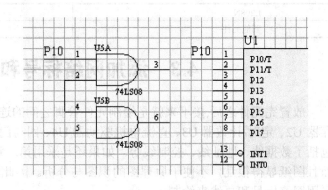

图 4-9　完成后的网络标号

4.3.2　绘制总线

如果需连接的一组导线距离较长，数量较多，且具有相同的电气特性。如单片机控制系统中的地址总线、数据总线等，就可以采用结合网络标号的总线绘制方式，使整张电路图简洁明了。

总线不是单独的一根普通导线，它代表的是具有相同电气特性的一组导线。它以总线分支引出各条分支线，以网络标号来标识和区分各分导线，具有相同网络标号的分导线是同一根导线，如图 4-10 所示。

总线和网络标号、总线分支三者密不可分，下面介绍总线绘制方法和步骤。

（1）绘制分导线

由于要添加网络标号来标识各分导线，所以在添加各网络前，必须先绘制好分导线。由图 4-11 可见单片机 P0 口的八个引脚均添加了分导线。

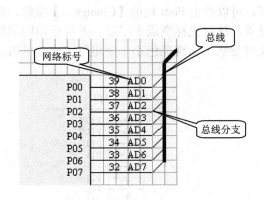

图 4-10　总线和网络标号

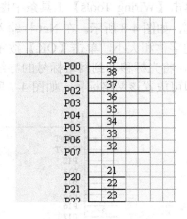

图 4-11　绘制分导线

(2) 放置总线分支

总线与分导线不能直接相连，必须通过总线分支连接。单击【Wiring Tools】工具条中图标 ![icon]，将弹出十字形光标，并带出总线分支，如图 4-12 所示。此时按键盘上的空格键可以调节总线分支线的方向，当接触处出现十字形电气节点时，单击鼠标左键即可放置一个总线分支。

放置完一个总线分支后，仍然处于总线分支的放置状态，可以继续放置，放置好后单击鼠标右键结束放置状态。

(3) 添加网络标号

单击【Wiring Tools】工具条中图标 ![icon]，为各分导线添加网络标号，网络标号为 AD0～AD7，如图 4-13 所示。

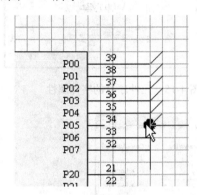
图 4-12 放置总线分支

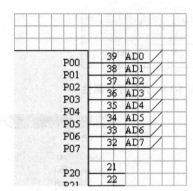
图 4-13 添加网络标号

【提示】放置序号有规律的网络标号时，点击图标 ![icon] 后按 Tab 键在 Net 栏输入 "AD0"。此时连续放置网络标号，则网络标号的序号会自动递增，这给我们带来很大方便。

(4) 绘制总线

单击【Wiring Tools】工具条中图标 ![icon]，出现十字光标，靠近总线分支，出现电气节点，表示接触良好，单击鼠标左键即可绘制总线。完成后如图 4-10 所示。

4.3.3 绘制 PWM 调速电路的原理图

(1) 整张原理图的绘制

根据图 4-1，采用网络标号和总线的绘制方法，进行各元件导线连接，从而完成整张原理图的绘制。

(2) 整体编辑

完成整张原理图的绘制后，可以对元件属性中的元件序号（Part Designator）、元件标称值（Part Type），以及网络标号（Net Label）的字体大小、字体颜色等进行整体编辑（Global）。这给我们带来了很大方便，也使图纸更加统一美观。

例如：将图纸中所有元件的元件序号（Part Designator）字体改为斜体、12 号。

① 首先任选一个元件 R3，双击其元件序号，弹出如图 4-14 的元件属性对话框。

② 单击【Change】，弹出字体对话框，如图 4-15。将字形改为斜体、大小改为 12 号，然后单击【确定】

③ 单击【Global】,弹出如图 4-16 对话框。该对话框包括 3 个区域，最左边是元件序号

属性区域,中间的 Attributes To Match By 区域为修改条件的设定区域,最右边的 Copy Attributes 区域为所要复制的属性。本例由于是对图纸中所有元件的元件序号的字体进行编辑,所以在 Attributes To Match By 区域中选取【Font】中的"Any"。另外要修改并复制的属性为字体,所以在 Copy Attributes 区域选取"Font"。输入完成后单击【OK】,进行整体编辑。

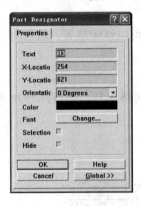
图 4-14 元件序号属性

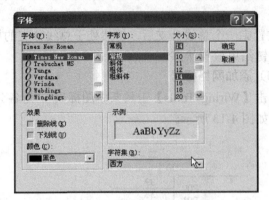
图 4-15 元件序号的字体属性

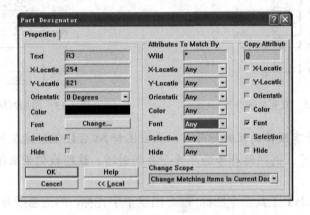
图 4-16 元件序号字体的整体编辑

④ 屏幕出现对话框,提示有 28 处会被修改,单击【Yes】按钮即可。

4.4 电气规则测试

电气规则测试(Electronic Rules Checking,ERC)主要是对电路原理图的电学法则进行测试,通常是按照用户指定的物理、逻辑特性进行。通常在原理图设计完之后,网络表文件生成之前,设计者需要进行电气规则测试。其任务是利用软件测试用户设计的电路,以便找出人为的疏忽,测试完成之后,系统还将自动生成各种有可能是错误的报告,同时在电路原理图的相应位置标上记号。

4.4.1 设置电气检测规则

选择主菜单中的【Tools】→【ERC】选项,弹出 Setup Electrical Rule Check 对话框,如图 4-17 所示。

此对话框包括两大类的选项设置:Setup 电气规则测试选项和 Rule Matrix 电气规则测试矩阵。

第4章 基于单片机的直流电机PWM调速电路原理图的绘制

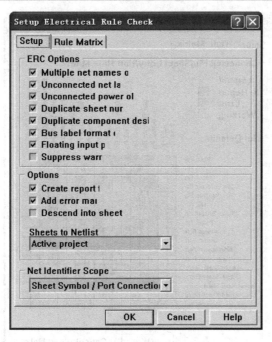

图 4-17 电气规则测试选项

（1）Setup 电气规则测试选项（表 4-2）

表 4-2 Setup 电气规则测试选项

选 项 栏	子 项 名 称	注 释
ERC Options （用于设置电气规则测试的具体选项）	Multiple net names on net	同一网络被命名多个网络名称
	Unconnected net labels	未实际连接的网络标号
	Unconnected power objects	未实际连接的电源或地元件
	Duplicate sheet numbers	电路图编号重号
	Duplicate component designators	元件编号重号
	Bus label format errors	总线标号格式错误
	Floating input pin	输入引脚浮空
	Suppress warnings	忽略所有的错误检测，也不显示测试的错误报告
Options	Create report file	在测试结束后，系统自动将测试结果存于报告文件 *.ERC 中，其文件名与原理图的主文件名相同
	Add error markers	在测试结束后，系统自动在电路原理图的错误处加上红色的错误提示符号
	Descend into sheet part	检测内容包括电路元件的内部结构
Sheets to Netlist （用来设置 ERC 检查的电路原理图范围，包括三项）	Active Sheet	当前激活的图样
	Active Project	当前激活的项目
	Active Sheet Plus Sub	当前激活的图样及其下层电路
Net Identifier Scope （网络识别器范围）	Net Labels and Ports Global	网络标号及 I/O 端口在整个项目内全部的电路中有效
	Only Port Global	只有 I/O 端口在整个项目内有效
	Sheet Symbol/Port Connections	方块电路符号 I/O 端口相连接

【说明】本项目电路的 Setup 电气规则测试选项的设置，按照图 4-17 所示内容设置。

（2）Rule Matrix 电气规则测试矩阵

图 4-18 中 Connected Pin/Sheet Entry/Port Rule Matrix 的意思是有连接关系的引脚、方块电路的 I/O 端口和电路的 I/O 端口的矩阵规则。

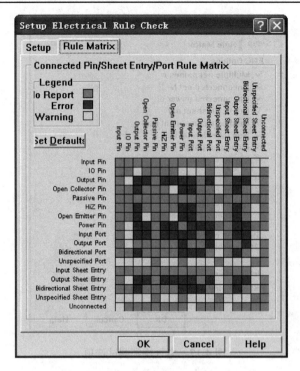

图 4-18　电气规则测试矩阵

① 整个矩阵图共有三种色块。绿色块表示电学连接关系是正确的；红色块表示电学连接关系是错误的(Error)；黄色块表示电学连接关系有时是正确的，有时是错误的(Warning)。整个矩阵图类似于一张二维坐标图，纵、横两项内容的交点处就是一个色块，反映了这两项内容连接的正确性。例如输入引脚 Input Pin 与输出引脚 Output Pin 交点处是绿色方块，表示这种连接是正确的；而 Power Pin 与 Output Pin 交点处是红色方块，表示这种连接错误。

② 电气规则测试矩阵的具体内容可以自己进行设置。用光标每单击一次某个色方块就变化一次颜色。也可以单击页面的 Set Defaulte 按钮，则 ERC 检测将按照系统默认的测试规则。

4.4.2　电气规则检测

（1）产生 ERC 文件

设置完电气规则后，单击 OK 按钮，退出对话框，并使系统生成相应的错误结果报告（*.ERC 文件）。例如检测到以下几种错误情况。

#1　Warning　Unconnected Input Pin On Net NetU2_11
　　　pwm.sch(U2_11 @550,350)

#2　Error　Floating Input Pins On Net NetU2_11
　　　pwm.sch(U2_11 @550,350)

#3　Warning　IO Pins And Output Pins On Net AD0
　　　IO Pins　　　　　　　: pwm.sch(U2_3 @250,650)
　　　Output Pins　　　　: pwm.sch(U1_39 @250,650)

由上述报告可见：每条错误报告的第一行以"#"开头，显示了电学错误的内容；第二行显示与错误相关联的元件管脚号和该错误在原理图上的具体位置。

#1 Warning Unconnected Input Pin On Net NetU2_11：警告性检测项，表示在网络 NetU2_11 处有未连接的输入管脚。

pwm.sch(U2_11 @550,350)：列出了错误元件管脚号所处的文件及管脚在和该错误在原理图上的坐标位置。

#2 Error Floating Input Pins On Net NetU2_11：错误性检测项，表示在网络 NetU2_11 处的输入管脚浮空。

#3 Warning IO Pins And Output Pins On Net AD0：警告性检测项，表示"AD0"网络中一个具有输入/输出特性的引脚与一个具有输出特性的引脚相连。

（2）使用 No ERC 符号

如果不想显示前面测试中出现的警告，可以利用放置 No ERC 符号的办法加以解决。即在原理图警告出现的位置放置 No ERC 符号，便可以避开 ERC 测试。具体步骤如下。

① 单击画原理图工具栏中 ✗ 按钮，或者执行菜单命令【Place】→【Directives】→【No ERC】。

② 完成上一步的操作后，十字光标会带着一个 No ERC 符号出现在工作区。

③ 将 No ERC 符号（红色的叉号）依次放置到警告曾经出现的位置上，然后单击右键即可退出命令状态。

④ 再次对原理图执行电气法则测试，这次所有的警告都没有出现。

4.5 生成报表文件

原理图绘制完成后，可将原理图的图形文件转换为文本格式的报表文件，以便于检查、保存和为绘制印制板图做好准备。本节介绍各种报表文件的作用和生成方法，重点介绍常用的网络表和元件材料列表。

4.5.1 产生网络表

（1）网络表的作用

网络表是电路原理图或者印制电路板元件连接关系的文本文件。它是原理图设计软件 Advanced Schematic 和印制电路板设计软件 PCB 的接口。

（2）网络表的格式

网络表文件名为*.NET，网络表的格式包括元件声明和网络定义两项内容。

① 元件声明格式

[	元件声明开始
R3	元件序号
AXIAL0.3	元件封装名称
2K	元件标称值
]	元件声明结束

以上就是一个元件声明例子，可见有以下特点。

- 元件声明以"["开始，以"]"结束，内容包括在两个方括号之间。
- 元件声明的内容主要有元件序号、元件封装形式和元件标称值三部分。
- 原理图中每个元件都有元件声明。

② 网络定义格式

(　　　　　　　网络定义开始
AD0　　　　　网络标号名称
U1-39　　　　 该网络端点
U2-3　　　　　该网络端点
U3-8　　　　　该网络端点
)　　　　　　　网络定义结束

以上就是一个网络定义格式例子，可见有以下特点。

- 网络定义以"("开始，以")"结束，内容包括在两个圆括号之间。
- 网络定义的内容主要有网络标号名称和连接该网络的所有元件的引脚序号。例如 U2-3 表示 U2 的第 3 个引脚。

（3）网络表的生成

① 选择主菜单中【Design】→【Create Netlist...】选项，则弹出如图 4-19 对话框。

② 标签 Preferences 中包括以下内容。

a．Output Format　输出格式。包括多种输出格式，一般选择默认的 Protel 格式。

b．Net Identifer Scope　网络识别器的范围。该选项用于层次原理图中设置网络标号的作用范围。比如在层次原理图中进行电气规则测试 ERC、由层次原理图生成网络表文件之前等方面，必须设定网络标号应用什么样的连接形式，此栏有以下三种选项。

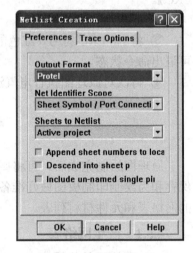

图 4-19　产生网络表对话框

- Net Labels and Ports Global　设置使网络标号及 I/O 端口标号在整个项目内的所有电路都有效。
- Only Ports Global　设置使得只有 I/O 端口可以在整个项目中被承认。
- Sheet Symbol/Port Connections　设置使得电气连接只发生在方块电路端口 Sheet Symbol 和对应的下层电路的 I/O 端口。

【说明】我们通常选择 Sheet Symbol/Port Connections 模式。因为它适用的层次原理图结构为每个方块电路代表一张子图，所有子图的连接关系都是从上层原理图上表示出来的，每个方块电路的端口都与和它所代表子图的同名的 I/O 端口相连。这是一种真正的层次原理图模式，详见第 5 章内容。

c．Sheet to Netlist　生成网络表的源文件。

包括三项：Active Sheet 当前激活的图样，Active Project 当前激活的项目，Active Sheet Plus Sub 当前激活的图样及其下层电路。这里设置为 Active Sheet。

③ 标签 Trace Options 跟踪选项，在此不做详细介绍。

④ 最后单击【OK】按钮，则生成一个与原理图文件名相同的网络表文件 PWM.NET。

4.5.2　生成元件材料列表

元件材料列表的文件名为 *.XLS，作用主要是用于汇总一个电路图或一个项目文件中所有元件的名称、标号、封装等内容。利用该软件提供的报表功能可以轻松地生成元件清单，给更好地安装、购买元件提供了方便。

具体方法如下。

① 选择主菜单中【Reports】→【Bill of Materials】选项，出现生成元件材料列表的引导程序 Bom Wizard 对话框。其中 Project 表示生成整个设计项目的元件材料列表，Sheet 表示只生成此图纸的元件材料列表。这里选择 Project。

② 单击【Next】按钮，进入引导程序的下一个对话框。General 栏中的 Footprint 元件封装和 Description 元件描述一般把它设置在选中状态。而 Library 栏用于设置需要加入材料列表的库元件，Part 栏用于设置需要加入材料列表的自定义元件，以上两项较少使用。

③ 单击【Next】按钮，进入引导程序的下一个对话框，如图 4-20 所示。该对话框表示列表中各列的内容。

- Part Type：   元件标称值，指的是元件特性，如电容的容量\电阻的阻值。
- Designator：元件序号，指给元件的名称及序号。
- Footprint：   元件封装名称。
- Description：元件描述，指对元件功能的一些描述。

④ 继续单击【Next】按钮，进入引导程序的下一个对话框。软件提供了以下三种格式。
- Protel Format：Protel 格式。
- CSv Protel：电子表格软件可调用格式。
- Client Spread Sheet：   Prote 99 表格调用格式。

这里选择第三种。

⑤ 继续单击【Next】按钮，完成报表参数设置，单击【Finish】按钮生成元件材料列表 PWM.XLS，如图 4-21 所示。

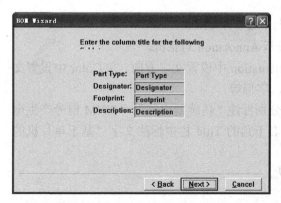

图 4-20 元件材料列表的各列内容　　　　图 4-21 PWM.Sch 所生成的元件材料列表

4.6 绘图工具

在绘制电路原理图过程中，为方便对电路的理解，往往需要在原理图上标注某点的名称、波形和参数等不具电气含义的图形符号，这可以通过软件中的绘图工具 Drawing Tools 来实现。

4.6.1 绘图工具 DrawingTools 功能

选择主菜单中【View】→【Toolbars】→【DrawingTools】选项命令，弹出如图 4-22 所示工具栏，各工具的作用见表 4-3。

图 4-22 绘图工具栏 Drawing Tools

表 4-3 绘图工具栏中各工具的作用

按钮	功能意义	按钮	功能意义	按钮	功能意义	按钮	功能意义
/	绘制直线	∿	绘制曲线	□	绘制矩形	◐	绘制扇形
⋈	绘制多边形	T	放置文字	▢	绘制圆饼	▣	粘贴图片
⌒	绘制椭圆弧线	▦	设置文本框	○	绘制椭圆	▦	粘贴文本阵列

4.6.2 绘图工具使用方法

下面就绘图工具中常用的工具进行介绍，其他读者可自己操作理解。

（1）放置文字

为使所设计电路方便记忆和理解，用户可采用放置文字 T 功能在适当位置加以文字说明，具体方法如下。

① 单击放置文字 T 按钮，此时十字光标上带着一个虚框。

② 按键盘上的 Tab 键，则弹出如图 4-23 所示 Annotation 对话框。Properties 标签中在 Text 中设置文字、在 Orientation 中设置文字方向、在 Color 中设置文字颜色、在 Font 中设置文字字体的大小、颜色、字形等。

本图纸进行以下设置：如图 4-1，在图纸中分别标注"传感器电路"、"PWM 信号产生电路"、"直流电机控制与驱动电路"，另外在图纸右下角的 Title 栏中标注文字"基于单片机的直流电机 PWM 调速电路"。

③ 完成文本设置后，单击【OK】按钮确认。

（2）设置文本框

对少量的文字可以直接用添加文字的方法实现。如果文字较长，而且有时加以边框或底色等要求时，可以采用设置文本框 ▦ 实现，具体方法如下。

① 单击设置文本框 ▦ 按钮，此时十字光标上带着一个虚框。

② 按键盘上的 Tab 键，则弹出如图 4-24 所示 Text Frame 对话框。Properties 标签中含义

第4章 基于单片机的直流电机 PWM 调速电路原理图的绘制

如表 4-4 所示。

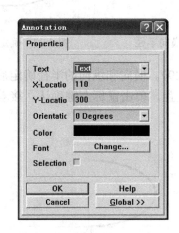

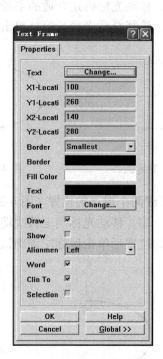

图 4-23 放置文字对话框　　　图 4-24 设置文本框属性

表 4-4　Text Frame 对话框中各项的作用

名称	功能意义	名称	功能意义	名称	功能意义
第一个 Text	用于输入文本内容	Fill Color	用于改变文本框内的填充颜色	Show	用于控制是否显示文本框的边框
第二个 Text	用于改变输入文本框中文字的颜色	Draw	用于控制是否显示文本框内的填充颜色	Alianmen	用于控制文本框内文字的对齐方式
Border	用于改变文本框的边框粗细和颜色	Font	设置文字字体的大小、字形		

③ 完成文本设置后，单击【OK】按钮确认。

（3）绘制直线

① 单击绘制 ╱ 按钮，此时光标变为十字形，移动光标到合适位置单击鼠标左键确认直线起点。

② 移动鼠标带动直线线头，在每个转折点单击鼠标左键加以确认。

③ 重复上述操作，确认终点后，单击鼠标右键完成折线绘制。

【注意】用此方法绘制的直线与用【Wiring Tools】中 ～ 是完全不同的，～ 绘制的导线，有电气意义，而 ╱ 绘制的直线，没有电气意义，学习在绘图时经常搞错，所以绘图时要注意。

（4）绘制椭圆弧线

绘制椭圆弧线分为以下三个步骤。

① 确定圆心（图 4-25）。单击绘制 按钮，此时十字形光标拖动一个椭圆弧线状图形，此椭圆弧线的形状与前一次画的椭圆弧线相同，移动光标至合适位置，单击鼠标左键，确定椭圆圆心。

② 确定横向和纵向的半径（图 4-26、图 4-27）。椭圆圆心确定后，光标自动跳到椭圆横

向的圆周顶点，移动光标确定合适的半径长度，单击鼠标左键确认。接着光标逆时针跳到纵向的圆周顶点，选择合适半径长度，单击鼠标左键确认。

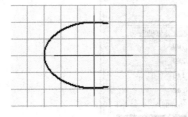
图 4-25　确定圆心

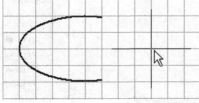
图 4-26　确定横向半径

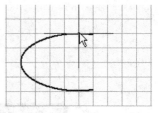
图 4-27　确定纵向半径

③ 确定弧线两个端点的位置（图 4-28、图 4-29）。横向和纵向的半径确定后，光标自动跳到椭圆弧线一端，移动光标确定弧线端点合适位置，单击鼠标左键确认。接着光标跳到弧线另一端，确定位置后单击鼠标左键确认。

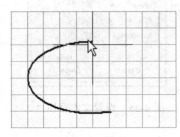
图 4-28　确定弧线的一个端点

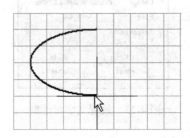
图 4-29　确定弧线的另一个端点

（5）绘制曲线

曲线绘制过程需要确定与波形相切线的交点位置。

① 单击绘制 按钮，此时光标变为十字形，移动光标到合适位置单击鼠标左键确认曲线起点。

② 移动光标到与波形相切的两条切线的交点位置，单击鼠标左键确认。

③ 再次移动光标，此时生成一个弧线，拖动鼠标到合适位置，单击鼠标左键确认。

以上完成一段曲线的绘制，重复以上操作，画出一条完整的曲线，最后单击鼠标右键确认结束，如图 4-30。

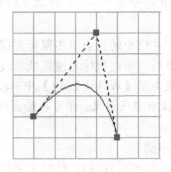
图 4-30　曲线绘制示意图

（6）绘制矩形

① 单击绘制 按钮，此时光标变为十字形，且带着一个与前次绘制相同的矩形，移动

光标到合适位置,单击鼠标左键确定矩形的左上角位置。

② 然后光标跳到矩形的右下角,拖动鼠标到合适位置确定矩形大小,单击鼠标左键确认。一个矩形就绘制完成了。

【DrawingTools】中的其他绘制功能,由于使用较少,在此就不一一介绍了,大家需要时自学也很容易掌握。

4.7 原理图的打印输出

当原理图文件设计完成后,为了便于分析电路或用于今后存档,常常将电路图打印出来。原理图的输出包括打印机输出和用绘图仪输出两种方式,其中以打印机输出较为普遍。

4.7.1 用打印机输出

选择主菜单中【File】→【Setup Printer】选项命令,弹出 Schematic Printer Setup 对话框,如图 4-31 所示。

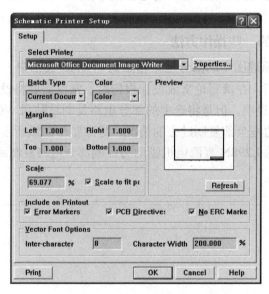

图 4-31 原理图打印输出设置对话框

(1)Select Printer 选择打印机

如果用户在操作系统里设置了两种以上的打印机,则用鼠标单击下拉按钮,选择所需要的打印机。其中单击 Properties…按钮,可以对打印机类型、纸张的大小和方向进行设置。

(2)Batch Type 选择输出的目标文件类型

打印输出的目标文件有两种方式:只打印当前正在编辑的图形文件 Current Document 和打印整个项目中的全部图形文件 All Document。这里选择 Current Documen。

(3)Color Type 设置输出颜色类型

两种颜色类型:彩色输出 Color 和单色输出 Monochrome,一般选择单色输出。

(4)Margins 设置页边空白宽度

页边空白指从页面边缘到图框的距离,分为左边距 Left、右边距 Right、上边距 Top、下边距 Bottom 四种。

（5）Scale 设置缩放尺寸比例

Protel 99SE 提供了 0.001%～400%之间任意值的缩放比例。此外，如果选中了 Scale to fit page 复选框自动充满页面选项，则系统会计算出精确比例，使原理图的输出自动充满页面。选择 Scale to fit page 后，前面对缩放比例的设置将无效。

（6）Preview 预览

当设置好页边距和缩放比例后，单击【Refresh】按钮，即可预览到实际打印输出时的效果。

（7）打印输出

设置好打印机后用户就可以打印输出了。用户可以执行菜单命令【File】→【Print】，或者在图 4-31 所示打印机设置对话框中单击【Print】按钮，程序就会按照上述设置进行打印工作。

4.7.2 用绘图仪输出

使用绘图仪输出主要是针对尺寸比较大的原理图，如输出图幅为 A1 的原理图。利用绘图仪输出原理图与使用打印机输出原理图的过程基本相同，由于绘图仪使用的比较少，这里就不做详细介绍了。

4.7.3 与打印相关的一些操作方法

（1）如何将 Protel 原理图中的部分电路粘贴到 WORD 文档中

完成某一科研项目后，在撰写论文或设计报告时，常常需要将设计项目中的部分电路粘贴到 WORD 文档中加以说明。但是将选中的部分电路复制粘贴到 WORD 文档中时，往往会出现整个图纸连带图纸边框全部复制过去的情况，导致整个图纸所占面积很大，但电路却看不清。例如将图 4-1 中的 L298N 直流电机驱动与控制部分电路复制到 WORD 文档中，就出现如图 4-32 所示的情况。

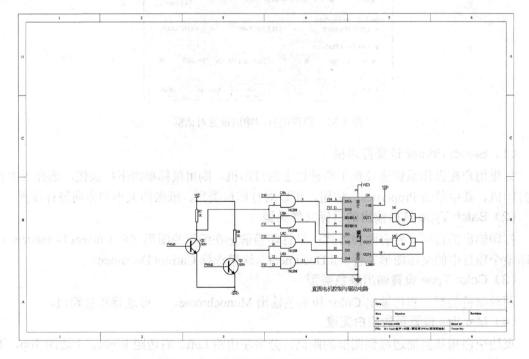

图 4-32　未采用该方法前的图纸粘贴情况

第 4 章　基于单片机的直流电机 PWM 调速电路原理图的绘制

可以采取以下方法解决：选择【Tools】→【Preferences..】菜单，弹出如图 4-33 所示的参数设置对话框，然后选择 Graphical Editing 栏，将 Add Template Clipboard 选项勾除即可。采取以上方法后复制的电路图如图 4-34，可见电路图大小合适、清晰。

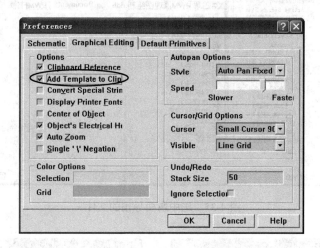

图 4-33　参数设置对话框

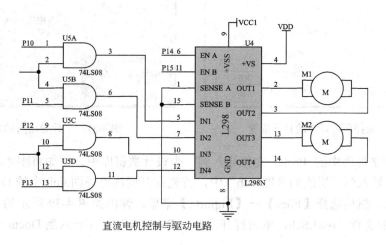

直流电机控制与驱动电路

图 4-34　采用该方法后的图纸粘贴情况

（2）如何进行文件的导入（Import）与导出（Export）

Protel 软件中的文件导入与导出是一项很有用的功能，也是绘图员技能鉴定考试中经常考到的知识点。它可以将某一个设计数据库中的文件导出到文件夹内，也可以将外部文件夹中的 Protel 文件导入到一个设计数据库中，从而实现不同设计数据库之间文件的交换存取。

① 将某一个设计数据库中的文件导出到文件夹内。例如将"PWM 原理图绘制.ddb"设计数据库中 PWM.Sch 文件导出到新建文件夹中，首先选中所要导出的文件如图 4-35 所示，然后选择【Files】→【Export..】菜单，弹出如图 4-36 所示的导出对话框，选择所要导出的目标文件夹，单击保存，即将 PWM.Sch 文件导出到新建文件夹中，如图 4-37 所示。

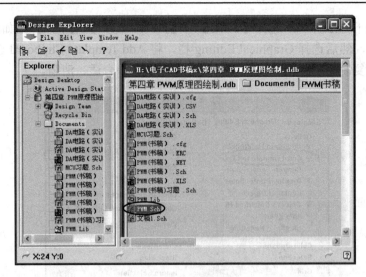

图 4-35 选中所要导出的文件

图 4-36 选择所要导出的目标位置

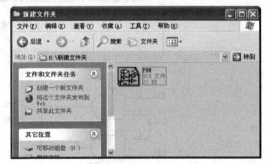

图 4-37 文件导出后的情况

② 将外部文件夹中的 Protel 文件导入到一个设计数据库中。例如将刚才新建文件夹中 PWM.Sch 文件导入到"层次原理图.ddb"中,首先打开层次原理图.ddb 中的 Documents 栏,如图 4-38 所示。然后选择【Files】→【Import..】菜单,弹出如图 4-39 所示的导入对话框,选择所要导入的文件 PWM.Sch,单击打开,即将 PWM.Sch 文件导入到 Documents 栏中,如图 4-40 所示。

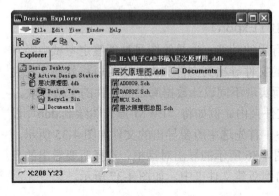

图 4-38 打开文件导入的目标设计数据库

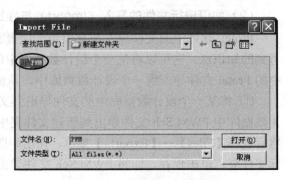

图 4-39 选择需导入的文件

第4章 基于单片机的直流电机PWM调速电路原理图的绘制

图 4-40 文件导入后的结果

【注意】若要将一个设计数据库中的文件复制到另一个设计数据库中，采用直接复制粘贴方法是无效的，只能采用文件导入与导出方法实现。

若要将一个设计数据库中电路图的部分电路复制到另一个设计数据库中的电路图中，必须先将该文件导入在同一个设计数据库中，才能进行电路的复制。

4.8 基于单片机的直流电机PWM调速电路的项目资料

主要控制程序：

……

```
mov dptr,#0fe03h      ;对8253控制寄存器初始化
mov a,#34h            ;选择计数器0、工作模式2
movx @dptr,a          ;先读/写低8位后读/高8位
mov dptr,#0fe00h      ;向计数器0送低8位数据80H
mov a,#80h
movx @dptr,a
mov dptr,#0fe00h      ;向计数器0送高8位数据00H
mov a,#00h
movx @dptr,a
mov dptr,#0fe03h      ;对8253控制寄存器初始化
mov a,#72h            ;选择计数器1、工作模式1
movx @dptr,a
mov dptr,#0fe01h      ;向计数器1送低8位数据20H
mov a,#20h
movx @dptr,a
mov dptr,#0fe01h      ;向计数器1送高8位数据00H
mov a,#00h
movx @dptr,a
```

……

根据以上程序我们可以得到占空比为 $\alpha = t/T = 0020H/0080H = 25\%$ 的PWM波形。

如果需要查阅该项目详细资料，可以通过中国期刊网查阅《国外电子元器件》2005年第

12 期，论文《一种基于 8253 与 L298N 的电机 PWM 调速方法》。

4.9 上机实训 绘制 DAC 0832 数模转换电路原理图

（1）上机任务

绘制如图 4-41 所示的 DAC0832 数模转换电路原理图。

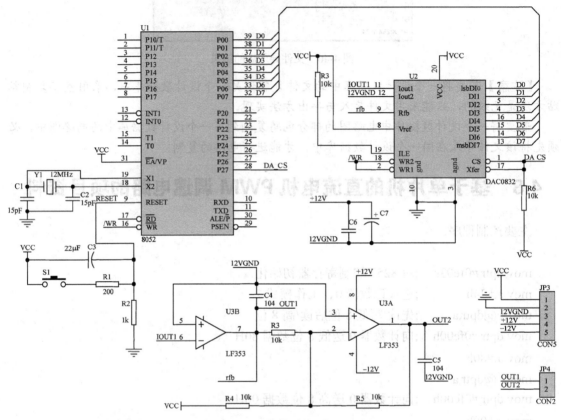

图 4-41 DAC 数模转换电路原理图

（2）任务分析

该图是一个典型的双极性输出的 D/A 转换电路，CPU 采用 8051 系列单片机，D/A 转换器采用 8 位的 DAC0832，采用两级运放实现双极性输出，±12V 电源给运放 LF353 供电，VCC=+5V 对单片机和 DAC0832 供电，整个电路供电端和信号输出端分别由插座引出。

本实训主要目的是培养学生利用网络标号、总线绘制电路图的技能，进行电气规则（ERC）检查并修改错误的能力，以及掌握标注文字和生成报表的能力。

（3）操作步骤

① 建立工程设计文件，命名为"D/A 数模转换.ddb"。

② 建立原理图文件。在上述工程设计文件的 Documents 下新建一个原理图文件，取名"D/A 转换.Sch"。

文件设置：图纸大小为 A4，捕捉栅格 5mil，可视栅格为 10mil；系统字体为宋体、字号 12；标题栏格式为 Standard；用"特殊字符串"设置图纸标题为"数模转换电路"。

第4章 基于单片机的直流电机PWM调速电路原理图的绘制

③ 原理图绘制。

a. 要求：所有元件序号的字体为 Arial Narrow、大小为 11；所有元件标称值的字体为 Arial Narrow、大小为 10。

b. 本例的元器件列表如下，可按表 4-5 进行绘制。

表 4-5 DAC 0832 数模转换电路的元件列表

元件序号	元件标称值	元件封装名	所属元件库
R1	200	AXIAL0.3	
R2	1kΩ	AXIAL0.3	
R3、R4、R5、R6	10kΩ	AXIAL0.3	
C1、C2	15pF	RAD0.1	
C4、C5	104	RAD0.1	Miscellaneous Devices.ddb
C6	0.1μF	RAD0.1	
C3、C7	22 μF	RB.1/.2	
JP4	CON2	SIP2	
JP3	CON5	SIP5	
U1	8052	DIP40	Intel Databooks.ddb
U2	DAC0832	DIP20	Protel DOS Schematic Libraries.ddb

c. 放置元件。利用查找功能找到主要元件，查找时使用通配符*，单击原理图浏览管理器 Browse Sch 中的【Find】按钮，然后在 By LibraryReference 栏中输入"*80*52*"，就可以在 Intel Embedded Ⅰ（1992）.lib 中找到 8052，其他主要元件也可采用上述方法查找。

d. 绘制总线和其他导线。

e. 检查原理图。对该图进行电气规则（ERC）检查，针对检查报告中的错误修改原理图，直到无错误为止。并将电气检查文件保存到 Documents 中，命名为"D/A 转换.erc"。

f. 生成原理图元件报表清单，要求包含元件参数。

g. 生成原理图的网络表。

h. 用 A4 纸打印该原理图。

【说明】整个 D/A 数模转换电路已经过实际调试，验证了该电路设计的正确性，感兴趣的同学可在业余时间进行 PCB 板制作和调试。调试用的程序可参考单片机教材中 D/A 转换电路方面的内容。

本章小结

本章主要以绘制基于单片机的直流电机 PWM 调速电路原理图为例，重点讲解了采用总线、总线分支和网络标号绘制较复杂电路原理图的方法，还有电路原理图绘好后的电气规则测试以及错误修改，使用绘图工具完成图中文字注释、曲线绘制，以及原理图的常用报表生成和打印等知识和技能。

习 题

4-1 为什么放置元件前应先加载相应的元件库？如何加载和删除一个元件库？

4-2 在元件属性中，Lib Ref、Footprint、Designator、Part Type 分别代表什么含义？

4-3 为什么在原理图绘制过程中要使用网络标号和总线？在什么情况下适合采用总线连接？

4-4 完成如图 4-42 所示的单片机最小系统的原理图绘制。要求完成电气检测（ERC），生成元件报表清单，并打印预览原理图。

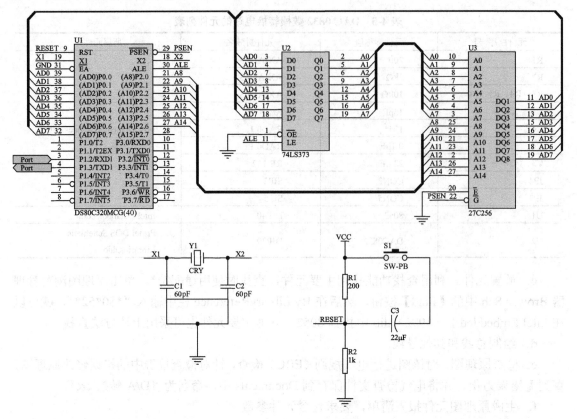

图 4-42 单片机最小系统的原理图

第5章 单片机最小系统与DA/AD转换电路的层次原理图设计

【本章学习目标】

本章主要以绘制单片机最小系统与 DA/AD 转换电路原理图为例,介绍层次性原理图的绘制方法,以达到以下学习目标:
◇ 理解层次性原理图的基本概念;
◇ 掌握输入/输出端口的绘制方法;
◇ 掌握方块电路的绘制和端口设置方法;
◇ 掌握层次性电路原理图的绘制方法。

该项目以绘制单片机最小系统与DA/AD 转换电路原理图为例,如图5-1,采用自底向上的设计方法绘制层次性原理图。整个系统的主原理图采用方块电路绘制,整个电路分为三个模块,MCU 模块由 8051 系列单片机和外围电路组成,AD 模数转换模块采用 ADC0809,DA 数模转换模块采用 DAC0832。

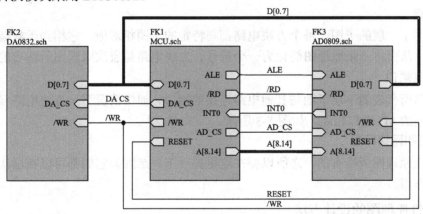

图 5-1 主原理图中各方块电路的组成和连接

主要学习层次性原理图中各模块的子原理图及其端口的绘制,以及建立层次原理图总图的方法。

5.1 层次性原理图的基本概念和设计方法

5.1.1 基本概念

在设计较大规模的原理图时,尽管可以用一张大图把整个电路都画出来,但多数技术人员都愿意把整张图分成几部分来画。特别是把整个电路按不同功能分别画在几张小图上,好处是可以把复杂的电路变为相对简单的几个模块,结构清晰明了,便于提高设计速度,便于检查。这种层次化设计方法非常类似于软件工程中的模块化设计方法。

图 5-2 就表明了层次性原理图的层次结构。主原理图由多个方块电路组成，主要规定了各子原理图之间的连接关系，而子原理图则体现各模块内部的具体电路结构。

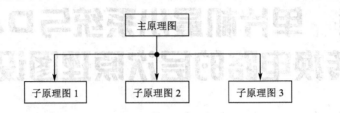

图 5-2　层次性原理图的层次结构

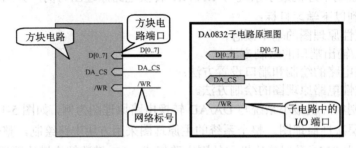

图 5-3　层次性原理图中的符号

（1）方块电路

它代表了本图下一层的子图，每个方块电路都与特定的子图相对应，它相当于封装了子图中的所有电路，从而将一张原理图简化为一个符号。方块电路是层次原理图所特有的。

（2）方块电路端口

它是方块电路所代表的下层子图与其他电路连接的端口。通常情况下，方块电路端口与它同名的下层子图的 I/O 端口相连。如图 5-3 所示。

（3）I/O 端口和网络标号

它们不是层次原理图所特有的，之所以要在这里提一下，是因为它们都可以在层次原理图的连接中发挥作用。

5.1.2　层次性原理图的设计方法

层次性原理图的设计方法分为自顶向下的设计方法和自底向上的设计方法两种。不同的设计方法对应的层次原理图的建立过程也不尽相同。

（1）自顶向下的设计方法

用自顶向下的设计方法时，首先建立一张总图。在总图中，用方块电路代表它下一层的子系统，接下来就一幅幅地设计每个方块电路对应的子图，这样一层层细化，直至完成整个电路的设计。

（2）自底向上的设计方法

在设计层次原理图时，常碰到这样的情况，就是在每一个模块设计出来之前，并不清楚每个模块到底有哪些端口，这时就必须采用自底向上的设计方法了。用自底向上的设计方法时，先设计出下层模块的原理图，再由这些原理图产生方块电路，进而产生上层原理图。这样层层向上组织，最后生成总图。这是一种被广泛采用的层次原理图设计方法。

5.2 绘制层次原理图

本节将主要介绍采用自底向上的设计方法绘制单片机最小系统与 DA/AD 转换电路的层次原理图，电路总体结构如图 5-1 所示。具体步骤是：先分别绘制各子原理图，然后由各子原理图产生主原理图中的方块电路，最后完成方块电路之间的连线。

5.2.1 绘制 MCU 模块子原理图

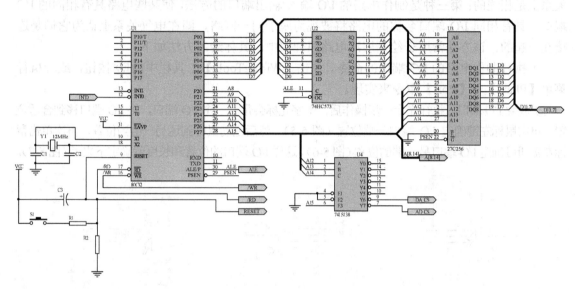

图 5-4 MCU 模块子原理图

（1）建立工程设计文件

建立一个新的工程设计文件（数据库），命名为"层次原理图设计.ddb"。

（2）绘制层次原理图子图

该层次原理图共有三张子图，分别是 MCU 模块、AD 模数转换模块和 DA 数模转换模块，这里先绘制 MCU 模块子原理图，如图 5-4。执行菜单命令【File】→【New】,出现选择文件类型对话框，双击 Schematic Document 图标，新建原理图文件，命名为"MCU 模块子图.Sch"。

（3）放置元件

该 MCU 模块子图主要由以下元件组成：U1 是 8051 系列单片机；U2 是 74HC573 锁存器，实现地址锁存；U3 是 27C256 存储器，实现外扩的程序存储器；U4 是 74LS138 译码器，实现地址译码产生 DA0832 和 AD0809 的片选信号。元件列表如表 5-1 所示。

表 5-1 MCU 模块子原理图元件列表

元件样本名	元件序号	所属元件库
74LS138	U4	Protel DOS Schematic Libraries.ddb
74HC573	U2	
8032AH	U1	Intel Databooks.ddb
27C256	U3	
其他电阻、电容等元件	R1、R2、C1、C2、C3、Y1、S1	Miscellaneous Devices.ddb

（4）绘制总线和其他导线

在电路图中绘制出总线和各条导线。

（5）添加电源、接地符号和网络标号

在已经绘制的电路图中添加电源、接地符号和网络标号等辅助内容。

（6）制作电路的 I/O 输入/输出端口

将一个电路与另一个电路连接起来的基本方法，通常有三种：一种是用实际的导线进行连接；另一种是通过设置网络标号（Net Label）的方法，使具有相同网络标号的电路在电气关系上是相连的；第三种是制作电路的 I/O 输入/输出端口的方法，使某些电路具有相同的 I/O 端口。具有相同 I/O 端口名称的电路将被视为属于同一网络，即在电气关系上认为它们是连接在一起的，该方法常用于绘制层次电路原理图中。具体绘制方法如下。

① 执行制作电路的 I/O 端口的命令。单击【WiringTools】工具栏中的 按钮，或者执行菜单【Place】→【Port】命令来实现。

② 放置 I/O 端口。执行完上一步操作后，十字光标会带着一个 I/O 端口，将 I/O 端口移到合适位置，单击鼠标左键确定 I/O 端口一端位置（图 5-5）。然后拖动鼠标到达另一恰当位置，再次单击鼠标左键即可确定 I/O 端口另一端的位置（图 5-6）。这样 I/O 端口的位置和长度就确定下来了（图 5-7）。

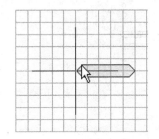 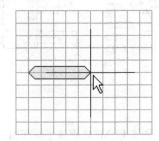 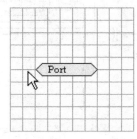

图 5-5　确定 I/O 端口一端位置　　图 5-6　确定 I/O 端口另一端位置　　图 5-7　绘制好的 I/O 端口

③ 设置电路 I/O 端口的属性。用鼠标左键双击已经放置好的电路 I/O 端口，会弹出端口属性对话框。

- Name (I/O 端口名称)：设置 I/O 端口名称。具有相同 I/O 端口名称的电路在电气关系上是连接在一起的。在此将端口名称设置为"/WR"。
- Style (I/O 端口外形)：设置 I/O 端口的外形。I/O 端口的外形实际上就是 I/O 端口的箭头方向。共有 4 种横向的选择和 4 种纵向的选择，如图 5-8 所示是 4 种横向的选择。这里选择 Right 端口外形设置。
- I/O Type (I/O 端口的电气特性)：设置端口的电气特性也就是对端口的输入输出类型进行设定，它会对电气法则测试（ERC）提供一定的依据。例如，当两个同为【Input】类型的 I/O 端口连接一起的时候，电气法则测试就会产生错误报告。有以下 4 种类型。

Unspecified：未指明或不确定。

Output：输出端口型。

Input：输入端口型。

Bidirectional：双向型。

这里选择 Output 输出端口型设置。

④ Alignment(I/O 端口的形式)：设置端口形式。用来确定 I/O 端口的名称在端口符号中的位置，不具有电气特性（图 5-9）。有以下 3 种形式。

Center：居中。
Left：左对齐。
Right：右对齐。
这里选择 Center 居中设置。

⑤ 设置电路 I/O 端口的属性结束后，单击对话框 OK 按钮即可。这样就完整设置了一个 I/O 端口，名称为"/WR"，端口外形为 Right，电气特性 Output，端口形式 Center。如图 5-10 所示。

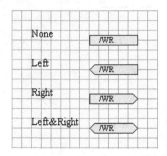
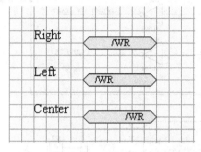
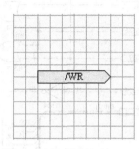

图 5-8 I/O 端口的 4 种横向外形　　图 5-9 I/O 端口名称的三种位置　　图 5-10 完整绘制好的 I/O 端口

5.2.2 绘制 DA 模数转换模块子图

【说明】 图 5-11 和第 4 章中 4.8 节中实训电路中的 DAC0832 电路部分是相同的。

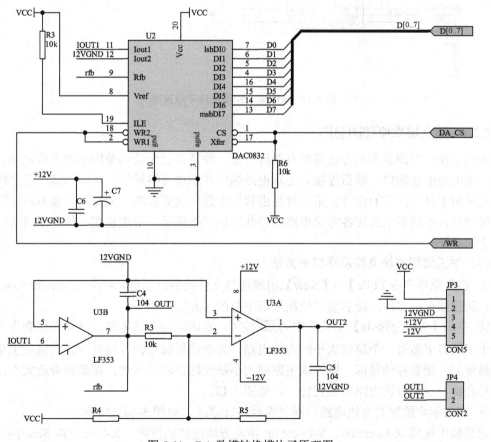

图 5-11 DA 数模转换模块子原理图

5.2.3 绘制 AD 模数转换模块子图

这里不再给出图 5-12 的元件列表，可以在元件库中查找。

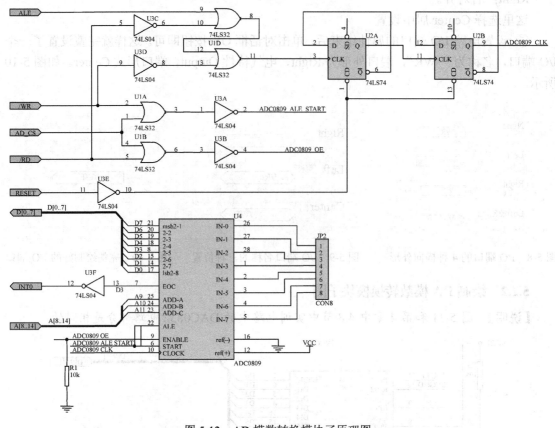

图 5-12 AD 模数转换模块子原理图

5.2.4 建立层次原理图总图

建立层次原理图总图的方法通常有两种。第一种是自己先绘制总图中的方块电路，然后放置方块电路的各端口，最后连接各方块电路端口并添加网络标号，从而形成一张总图。该方法通常用于自顶向下的设计。第二种是由软件根据层次原理图子图自动生成方块电路及方块电路端口，然后手工连接各方块电路端口并添加网络标号，形成总图。该方法通常用于自底向上的设计。

（1）手工绘制方块电路及端口的方法

① 执行菜单命令【File】→【New】,出现选择文件类型对话框，双击 Schematic Document 图标，新建原理图文件，命名为"层次原理图总图.Sch"。

② 单击【WiringTools】工具栏中的 ▣ 按钮，开始绘制方块电路。这时光标变为十字形状，十字的右下角有一个缺省大小的方块电路。先单击鼠标左键，这时方块电路左上角的位置就确定了，接着移动鼠标，则方块电路的大小随光标移动而改变，调整到合适大小，再单击鼠标左键，一个方块电路就放置好了，如图 5-13。

③ 双击刚才放置的方块电路，对其属性进行修改，如图 5-14 对话框。

对话框中选项 X-Location、Y-Location 决定方块电路的位置，X-Size、Y- Size 决定方块

第5章 单片机最小系统与DA/AD转换电路的层次原理图设计

电路大小。还有几个选项可以修改方块电路的边界形式、边界颜色和填充颜色。

Name 代表方块电路序号或名字，Filename 指该方块电路所代表的下层原理图的文件名。这里将 Name 取为 FK1, Filename 取为 MCU.Sch。

【注意】这里方块电路中 Filename 的取名一定要和其对应的子原理图名称相同，即为 MCU.Sch。这样下次才能在总图和子原理之间方便地进行切换。

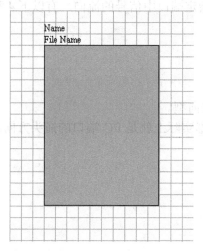

图 5-13　方块电路　　　　图 5-14　方块电路属性对话框

④ 如果要对 Name、Filename 中文字的字体、大小、颜色等进行修改，可将光标移至该文字标注处，然后双击鼠标左键，这时弹出设置方块电路文字属性对话框，进行修改，如图 5-15。

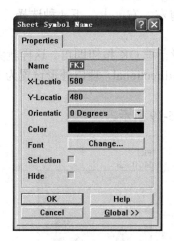
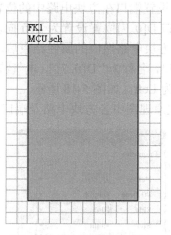

图 5-15　方块电路文字属性对话框　　　图 5-16　绘制好的方块电路

⑤ 单击【WiringTools】工具栏中的 按钮，开始绘制方块电路端口（图 5-16）。

a. 确定端口放置在哪个方块电路。单击 按钮后，出现十字形光标，将光标移到要放置端口的方块电路 FK1 的放置位置，单击鼠标左键，在光标下出现方块电路端口的虚影轮廓。

b. 设置端口属性。单击键盘上的 Tab 键，弹出如图 5-17 所示的端口属性对话框。

【Name】：方块电路端口的名称，一般由字母和数字组成。要注意两点：

第一，如果端口接的是总线，则端口名称后接中括号和数字表示端口组，例如端口组 D[0..7]表示端口 D0～D7。

第二，对于单片机的总线和管脚连接，端口名称中不允许出现"."等，如管脚 P3.2 只能命名为"P32"。

图 5-17 中将某一端口命名为 D[0..7]。

【I/O Type】：设置端口的电气特性，即指定端口中信号的流向。有以下 4 种类型。
Unspecified：未指明或不确定。
Output：输出端口型。
Input：输入端口型。
Bidirectional：双向型。

这里将端口 D[0..7]设置为 Bidirectional 双向型。

【Style】：设置端口的外形。I/O 端口的外形实际上就是 I/O 端口的箭头方向。共有 4 种向的选择和 4 种纵向的选择。
None：没有箭头。
Right：箭头向右。
Left：箭头向左。
Left & Right：左右双向。
None：没有箭头。
Top：箭头向上。
Bottom：箭头向下。
Top & Bottom：上下双向。

本图中我们将端口 D[0..7]外形设置为 Left & Right 左右双向。

【Side】：设置端口在方块电路中的位置。共有左、右、上、下 4 种选择。

这里将端口 D[0..7]位置设置为 Left 向左。

c. 设置完方块电路端口的属性结束后，单击对话框 OK 按钮即可。这样就完整设置了一个方块电路端口，名称为"D[0..7]"，电气特性为 Bidirectional，端口外形设置为 Left & Right，端口位置设置为 Left。如图 5-18 所示。

⑥ 绘制主原理图中各方块电路及端口，如图 5-19 所示。

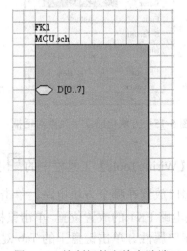

图 5-17　端口属性对话框　　　　图 5-18　绘制好的方块电路端口

第5章 单片机最小系统与DA/AD转换电路的层次原理图设计

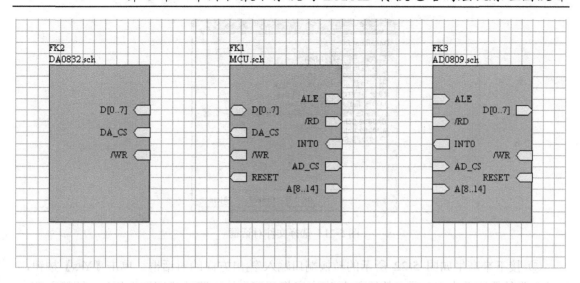

图5-19 绘制好的各方块电路及端口

⑦ 连接方块电路端口并添加网络标号。

放置了方块电路端口,为方块电路之间的连接提供了通道。还必须根据电路原理用导线或总线将各端口连接起来。

同时,还要为各连接导线添加网络标号。一般网络标号的名称和方块电路端口名称应一致,连接好导线并添加网络标号后绘制完成的主原理图如图5-20所示。

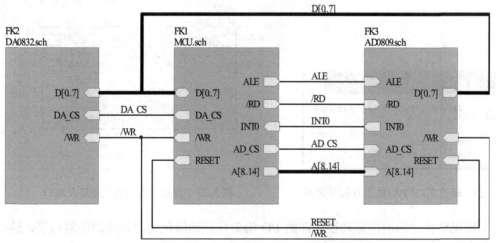

图5-20 绘制好的层次性原理图总图

(2) 由软件自动生成方块电路及端口的方法

① 执行菜单命令【File】→【New】,出现选择文件类型对话框,双击 Schematic Document 图标,新建原理图文件,命名为"层次原理图总图.Sch"。

② 执行菜单命令【Design】→【Create Symbol From Sheet】,出现选择文件对话框,如图5-21。选中"MCU.Sch",然后单击 OK 按钮确认,这时软件自动产生代表该原理图的方块电路。

图 5-21 选择文件对话框

③ 接下来产生如图 5-22 所示的转换端口输入/输出方向的对话框。单击【Yes】按钮，则新产生的原理图中 I/O 端口的输入/输出方向将与该方块电路的相应端口相反，即输入变为输出，输出变为输入。单击【No】按钮，则新产生的原理图中 I/O 端口的输入/输出方向将与该方块电路的相应端口相同。这里单击【No】按钮继续。

④ 将光标拖动的方块电路移至合适位置，单击鼠标左键，就可将方块电路放置在原理图上，如图 5-23 所示。这时用户可对方块电路的大小、名称等属性进行修改。

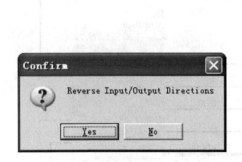

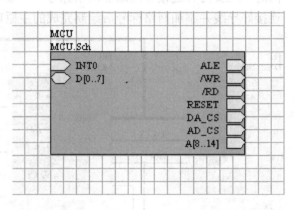

图 5-22 转换端口输入/输出方向对话框　　图 5-23 自动生成的方块电路及端口

由上可见软件已将层次原理图子图的 I/O 端口相应地转化为方块电路的端口了，这给绘制总图带来了方便。

⑤ 连接方块电路端口并添加网络标号。同方法一，不再详述。

至此一个完整的层次原理图绘制完成。

如果采用自顶向下的设计方法绘制层次原理图，应先建立一张总图。在总图中，用方块电路代表它下一层的子系统，具体方法见以上的绘制总图的方法一。接下来就一幅幅地设计方块电路对应的子图，具体方法可由软件根据方块电路自动生成层次原理图子图的端口（【Design】→【Create Sheet From Symbol】），然后连接子图中的导线，直至子图绘制完成。

5.3 层次原理图间的切换

对于简单的层次原理图可以用鼠标双击项目管理器中相应的图标即可切换到对应的原理图上，但当遇到复杂的层次原理图时，需要在某一方块电路和对应的子图之间直接相互切换，可以采用以下方法。

（1）从总图的方块电路切换到对应的子图

① 执行菜单命令【Tool】→【Up/Down Hierarchy】，或单击主工具栏 按钮。

② 执行命令后，鼠标光标变成十字形状。将其移至总图的"MCU.sch"方块电路上，单击或按回车键，就可以切换到它所对应的原理图"MCU.sch"了。

（2）从子图切换到对应的总图的方块电路

① 执行菜单命令【Tool】→【Up/Down Hierarchy】，或单击主工具栏 按钮。

② 光标变成十字形状后，将其移至原理图"MCU.sch"的某一个 I/O 端口上，单击鼠标左键。这时程序会自动切换到总图上，而且光标会停在刚刚单击的 I/O 端口相对应的方块电路端口上。

③ 此时程序仍处于切换命令状态，单击鼠标右键可退出切换命令状态。

5.4 上机实训 绘制单片机系统控制板的层次原理图

（1）上机任务

采用自下而上层次原理图绘制的方法，绘制全国大学生电子设计竞赛单片机系统控制板的层次原理图绘制，其三部分电路如图 5-24～图 5-26 所示。

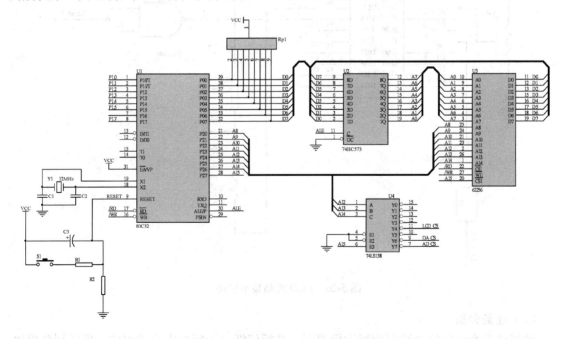

图 5-24 单片机最小系统电路

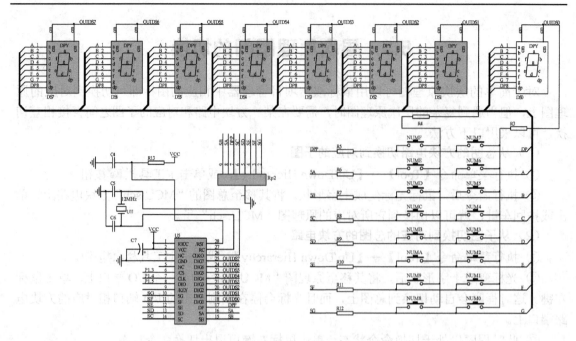

图 5-25 键盘及 LED 显示电路

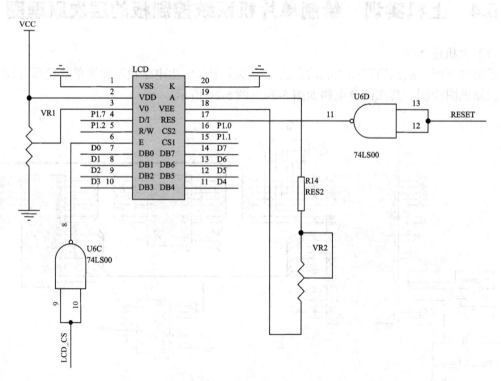

图 5-26 LCD 液晶显示电路

(2) 任务分析

要将这三个电路模块绘制为层次原理图，必须仔细分析每个电路的组成，确定划分模块与模块之间的连接端口。

第 5 章 单片机最小系统与 DA/AD 转换电路的层次原理图设计

根据对电路图的分析,整个电路由单片机最小系统电路、键盘及 LED 显示电路、LCD 液晶显示电路三部分组成。其中单片机最小系统电路由 U1 单片机 Atmel89C52、U2 锁存器 74HC573、U3 静态存储器 Intel62256 和 U4 译码器 74LS138 组成。键盘及 LED 显示电路主要由周立功公司的串行键盘与显示芯片 ZLG7289、8 个 LED 显示管 DS0～DS7、16 个按键 NUM0～NUMF 组成,键盘显示电路与单片机最小系统电路模块相连的端口有 P1.3、P1.4、P1.5 三个端口。LCD 液晶显示电路主要由 1 个 20 脚的 LCD 插口、U4 与非门等组成,与单片机最小系统电路模块相连的端口有 P1.0、P1.1、P1.2、P1.7、RESET、LCD_CS 和 8 位数据线 D0～D7 七个端口。

【说明】在绘制这三个电路原理图时,U3 静态存储器 Intel62256、排阻 RP1 和 RP2、显示芯片 ZLG7289、LCD 插口这些元件在元件库中没有,需要自己创建。

(3) 操作步骤

① 新建工程设计文件,命名为"大学生电子设计竞赛控制板.ddb"。

② 新建原理图文件,命名为"单片机最小系统电路子图.Sch"。然后按照图 5-27 绘制单片机最小系统电路,并绘制端口 P1.0、P1.1、P1.2、P1.3、P1.4、P1.5、P1.7、RESET、LCD_CS、D0～D7。

③ 新建原理图文件,命名为"键盘及 LED 显示电路子图.Sch"。然后按照图 5-28 绘制键盘及 LED 显示电路,并绘制端口 P1.3、P1.4、P1.5。

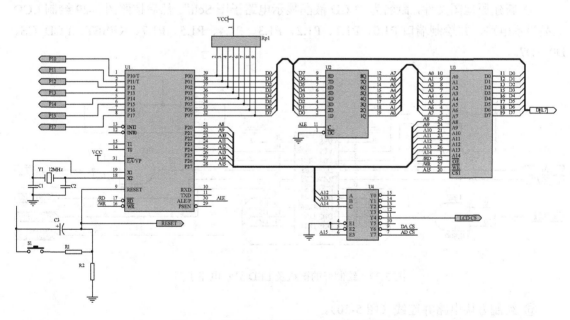

图 5-27 绘制好的单片机最小系统电路子图

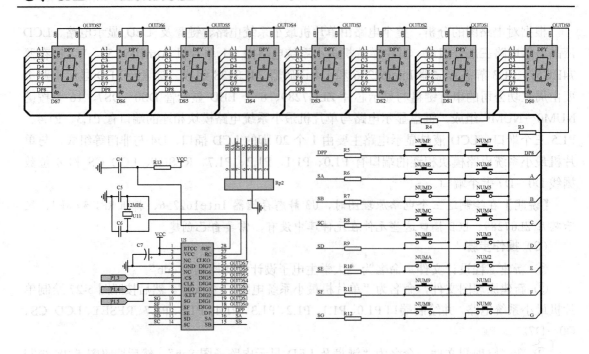

图 5-28 绘制好的键盘及 LED 显示电路子图

④ 新建原理图文件,命名为"LCD 液晶显示电路子图.Sch"。然后按照图 5-29 绘制 LCD 液晶显示电路,并绘制端口 P1.0、P1.1、P1.2、P1.3、P1.4、P1.5、P1.7、RESET、LCD_CS、D0~D7。

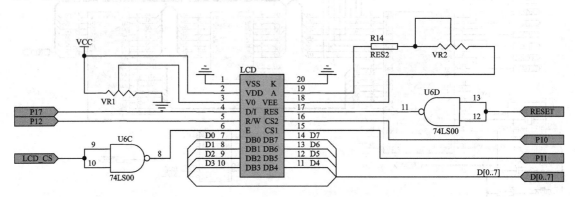

图 5-29 绘制好的键盘及 LED 显示电路子图

⑤ 绘制方块电路并连线(图 5-30)。

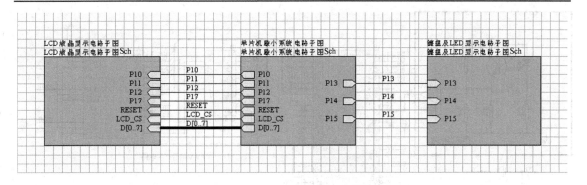

图 5-30 绘制好的层次性原理图总图

本章小结

本章主要以绘制单片机最小系统与 DA/AD 转换电路原理图为例,介绍层次性原理图的基本概念和绘制方法。

（1）自顶向下的设计方法

用自顶向下的设计方法时,首先建立一张总图。在总图中,用方块电路代表它下一层的子系统,接下来就一幅幅地设计每个方块电路对应的子图,这样一层层细化,直至完成整个电路的设计。

（2）自底向上的设计方法

用自底向上的设计方法时,先设计出下层模块的原理图,再由这些原理图产生方块电路,进而产生上层原理图。这样层层向上组织,最后生成总图。这是一种被广泛采用的层次原理图设计方法。本章重点讲解了该种方法。

习　题

5-1　绘制层次原理图的方法有哪两种?

5-2　简述自下而上层次原理图绘制的基本过程。

5-3　方块电路端口与 I/O 端口有何区别?

5-4　如何实现总图与子图之间的切换?

5-5　将第 3 章的基于单片机的直流电机 PWM 调速电路的原理图绘制成层次原理图。如图 5-31,整个电路分为三个部分,传感器检测电路（D1、Q1、LM324 等）、PWM 信号产生与控制电路（U1、U2、U3 等）、直流电机驱动与控制电路（U4、U5、Q2、Q3 等）。

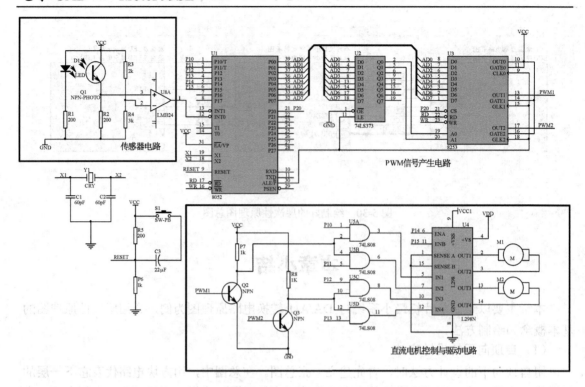

图 5-31 基于单片机的直流电机 PWM 调速电路的原理图

第 6 章 电压检测电路 PCB 单面板的绘制

【本章学习目标】

本章主要通过制作第 2 章绘制过的电压检测控制电路的单面 PCB 板（如图 6-1），介绍如何通过自动布线制作一个单面电路板，以达到以下学习目标：

◇ 了解电路板的种类和结构；
◇ 理解元件封装的含义；掌握常用的元件封装；能根据实际元件选择合适的封装；
◇ 掌握 PCB 元件封装管脚的更改方法；
◇ 掌握利用向导规划电路板的方法；
◇ 掌握网络表的载入方法；
◇ 掌握元件布局的方法；
◇ 掌握主要布线规则的设置方法和自动布线的方法。

本章主要讲解如何将一个电路由原理图绘制成简单的单面 PCB 板。要完成此项任务，需要以下几个方面的知识：首先是 PCB 文件的创建方法，以及 PCB 设计环境设置。其次是电路板的绘制以及网络表的导入方法。最后是 PCB 的布局和自动布线的方法。下面从这几个方面开始学习。

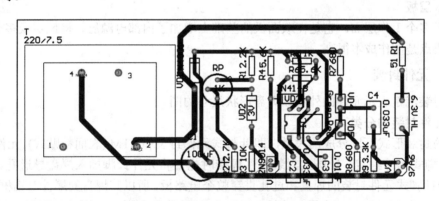

图 6-1 电压检测控制电路 PCB 图

6.1 PCB 板设计基础

印制电路板简称 PCB（Printed Circuit Board），是电子产品的重要部件之一。电路原理图完成后，还必须设计印制电路板图，最后由厂家根据用户设计的电路板图制作出要求的电路板。

6.1.1 印制电路板分类及组成结构

印制电路板的结构是由绝缘板和附在其上的导电图形（如元件引脚焊盘、铜膜导线）以及一些说明性的文字（如元件轮廓、型号、参数）等构成，如图 6-2 所示。印制电路板的制作材料主要是绝缘材料、金属铜及焊锡等。绝缘材料一般用二氧化硅（SiO_2），金属铜则主要用于印制电路板上的电气导线，一般还会在导线表面再附上一层薄的绝缘层，而焊锡则是附着在过孔和焊盘的表面。根据导电图形的层数的不同，印制电路板可以分为以下几类。

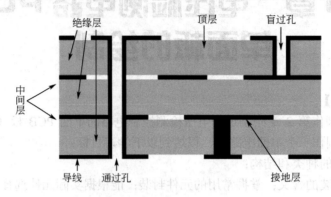

图 6-2 印制电路板结构图

（1）单层板

一面敷铜，另一面没有敷铜的电路板。单层板只能在敷铜的一面放置元件和布线，适用于简单的电路板。

（2）双面板

包括顶层(Top Layer)和底层(Bottom Layer)两层，两面敷铜，中间为绝缘层。双面板两面都可以布线，一般需要由过孔或焊盘连通。双面板可用于比较复杂的电路，但设计工作不比单面板困难，因此被广泛采用，是现在最常用的一种印制电路板。

（3）多层板

包含了多个工作层面。它是在双面板的基础上增加了内部电源层、接地层及多个中间信号层。其缺点是制作成本很高。

6.1.2 元件封装

元件封装就是表示元件的外观和焊盘形状尺寸的图。

（1）元件封装的分类

元件的封装形式可以分成两大类，即针脚式元件封装和 STM (表面粘贴式) 元件封装。

① 针脚式元件封装。针脚式封装元件焊接时先要将元件针脚插入焊盘导通孔，然后再焊锡。由于针脚式元件封装的焊盘和过孔贯穿整个电路板，所以其焊盘的属性对话框中，PCB 的层属性必须为 MultiLayer(多层)。例如 AXIAL0.4 为电阻封装，如图 6-3 所示。DIP8 为双列直插式集成电路封装，如图 6-4 所示。

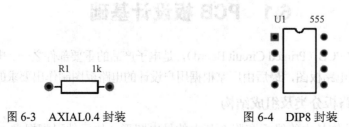

图 6-3 AXIAL0.4 封装   图 6-4 DIP8 封装

② STM（表面粘贴式)元件封装有陶瓷无引线芯片载体 LCCC（如图 6-5 所示）、塑料有引线芯片载体 PLCC（如图 6-6 所示）、小尺寸封装 SOP(如图 6-7 所示)和塑料四边引出扁平封装 PQFP（如图 6-8 所示）等。

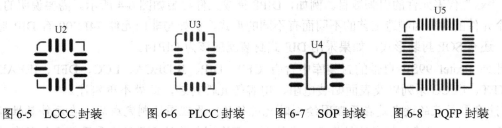

图 6-5　LCCC 封装　　图 6-6　PLCC 封装　　图 6-7　SOP 封装　　图 6-8　PQFP 封装

（2）元件封装的编号

元件封装的编号一般为元件类型+焊盘距离(焊盘数)+元件外形尺寸。可以根据元件封装编号来判别元件封装的规格。如 AXIAL0.4 表示此元件封装为轴状的，两焊盘间的距离为 400mil（约等于 10mm）；DIP16 表示双排引脚的元件封装，两排共 16 个引脚；RB.2 / .4 表示极性电容类元件封装，引脚间距离为 200mil，元件直径为 400mil。这里.2 和.4 分别表示 200mil 和 400mil。

（3）常用元件封装

① 分立元件的封装。

a. 针脚式电阻。封装系列名为"AXIALxxx"，其中"AXIAL"表示轴状的封装方式，"xxx"为数字，表示该元件两个焊盘间的距离，后缀数越大，其形状越大。其形状如图 6-3 所示。

b. 无极性电容。一般情况下常用"RADxxx"作为无极性电容元件封装，如图 6-9 所示。

c. 二极管类元件。该系列封装名为"DIODExxx"，其中 xxx 表示两个焊盘间的距离，如图 6-10 所示。

d. 有极性电容。一般情况下常用"RB x/x"作为有极性的电解电容器封装，"RB"后的两个数字分别表示焊盘之间的距离和圆筒的直径，单位是英寸。如 RB.2/.4 表示此元件封装焊盘间距为 0.2 英寸，圆筒的直径为 0.4 英寸，如图 6-11 所示。

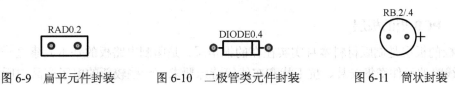

图 6-9　扁平元件封装　　图 6-10　二极管类元件封装　　图 6-11　筒状封装

【注意】发光二极管的封装为 RB x/x 或者 RADxxx 类型。

e. 三极管类元件。该封装系列名称为"TO-xxx"，其中"xxx"表示三极管的类型，"xxx"值越大，代表三极管功率越大，常见的封装属性为 TO-18（普通三极管）、TO-22（大功率三极管）、TO-3（大功率达林顿管），如图 6-12 所示。

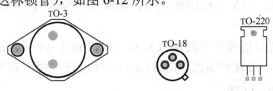

图 6-12　三极管类元件封装

【**注意**】元件封装是指实际零件焊接到电路板时所指示的外观和焊点的位置，是纯粹的空间概念。因此不同的元件可共用同一零件封装，同种元件也可有不同的零件封装。

② 集成元件的封装。双列直插式元件封装。封装系列名为"DIP xx"，其中 DIP 为封装类型，"xx"代表元件的引脚数目。例如，DIP8 集成元件封装如图 6-4 所示。需要说明的是：同一个元件的封装因制造工艺的不同而有不同的形式，例如与非门元件 74LS00 有 DIP 封装形式，还有 SOP 封装形式，如果采用 DIP 式封装就应该为 DIP14。

此外 Protel 99SE 自带的封装库中含有 CFP、DIP、JEDECA、LCC、DFP、ILEAD、SOCKET、PLCC 系列以及表面贴装电阻、电容等元件封装，此处不再赘述。

【**注意**】封装的设定是在原理图绘制时就进行的。原理图绘制完成后，在元件属性对话框的 Footprint 栏填入相应的封装名。在绘制电压检测电路的 PCB 时，要了解元件所有的封装，现将电压检测电路 PCB 图的元件列入表 6-1。

表 6-1 电压检测电路 PCB 图的元件列表

Lib Ref（元件样本名）	Footprint（元件封装名）	Designator（元件序号）	Part Type（元件标称值）
RES2	AXIAL0.3	R1, R2, R3, R4, R5, R6, R7, R8, R9, R10	5.1kΩ,2.7kΩ,10kΩ,5.6kΩ,1kΩ,5.6kΩ,680Ω, 680Ω,3.3kΩ, 51Ω
POT2	TO-5	RP	5kΩ
CAP	RAD0.2	C2, C3, C4	0.033μF,0.01μF,0.033μF
CAP2	RB.2/.4	C1	100μF
NPN1	TO-92B	V1	2N9014
TRIAC	TO-92A	V2	97A6
ZENER1	DIODE0.4	VD2	3V
DIODE	DIODE0.4	VD1, VD3	1N4001, 1N4148
LED	RAD0.1	VD4, VD5	绿，红
555	DIP-8	IC	555
TRANS	TRF_EI38_1	T	220/7.5
LAMP	RAD0.3	HL	6.3V

6.1.3 PCB 板的板层

PCB 板的板层是制版材料本身实实在在的铜箔层，是印制电路板的基本元素之一。目前由于电子线路的元件密集安装、抗干扰和布线等特殊要求，一些较新的电子产品中所用的印制板不仅上下两面可供走线，在板的中间还设有能被特殊加工的夹层铜箔，例如，现在的计算机主板所用的印制板材料大多在 4 层以上。这些层因加工相对较难而大多用于设置走线较为简单的电源布线层，并常用大面积填充的办法来布线(如 Fill)。上下位置的表面层与中间各层需要连通的地方用"过孔(Via)"来沟通。要提醒的是，一旦选定了所用印制板的层数，务必关闭那些未被使用的层，以免布线出现差错。印制电路板板层可以分为以下几种。

（1）信号层 Signal Layer

信号层主要用于放置与信号有关的电气元素。如 Top Layer（顶层）用于放置元件面，Bottom Layer（底层）用于放置焊锡面；Mid Layer（中间层）用于布置信号线。

（2）内部层 Internal Layer

内部板层主要用于布置电源和接地线。

（3）机械层 Mechanical Layer

制作 PCB 时，系统默认信号层为两层（Top Layer 和 Bottom Layer），机械层只有一层。通过设置系统参数，在 Protel 99SE 中可以最多设置 16 个机械层。

（4）助焊膜及阻焊膜层 Masks

Protel 99SE 提供的有：顶层助焊膜（Top Paste）和底层助焊膜（Bottom Paste），顶层阻焊膜（Top Solder）和底层阻焊膜（Bottom Solder）。

（5）丝印层 Silkscreen

主要用于绘制元件封装外形轮廓以及元件标识等，有顶层丝印层和底层丝印层。

（6）其他层 Other

① Keepout（禁止布线层、边界层）：用于绘制 PCB 板电气边界。
② Multilayer（多层）：主要用于绘制通孔和安装孔。
③ Drill Guide（钻孔引导层）：用来绘制钻孔引导层。
④ Drill drawing（钻孔绘制层）：用来绘制钻孔图层。

6.1.4　PCB 图的设计流程

PCB 图的设计流程就是印刷电路板图的设计步骤，一般它可分为图 6-13 所示的七个步骤。

用SCH99绘制电原理图 → 创建PCB文档 → 规划电路板 → 装入元件封装库及网络表 → 元件布局 → 布线 → 文档保存及输出

图 6-13　PCB 图的设计流程

6.2　新建 PCB 文件

6.2.1　新建 PCB 文件步骤

① 创建一个 PCB 文件，执行【File】→【New】菜单命令，系统将显示新建文件对话框，如图 6-14 所示。

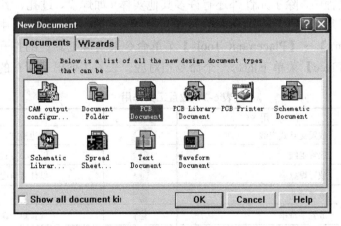

图 6-14　新建文件对话框

② 从对话框中选择 PCB 文件图标 PCB Document，双击图标或者单击【OK】按钮，将新建一个默认文件名为 "PCB1.PCB" 的 PCB 文件。此文件名可以被更改为任何便于记忆的

名字,例如 VOLTDETECT.PCB。对于编辑者而言,一看就知道是电压检测电路。

③ 双击 PCB 文件名 VOLTDETECT,进入 PCB 编辑器界面,如图 6-15 所示。

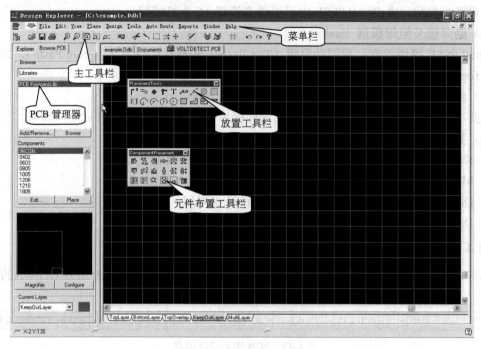

图 6-15　PCB 编辑器界面

6.2.2　PCB 设计界面

（1）PCB 管理器（Browse PCB）

该管理器用于印制电路板中元件封装库（Library）、网络（Nets）、网络分类（Net Classes）、元件分类（Components Classes）的管理。

（2）放置工具栏

在绘制 PCB 过程中,除了元件外还有许多其他实体(如焊盘、过孔、字符串等)的放置。Protel 99SE 提供了基本的绘图工具包括在放置工具栏（Placement tools）中,可以通过执行【View】→【Toolbars】→【Placement Tools】菜单命令来实现工具栏的打开与关闭,工具栏中的每一项都与【Place】菜单下的每一个命令相对应。表 6-2 列出了所有的放置工具。

表 6-2　放置工具作用

工具符号	作用	工具符号	作用
	放置交互式走线		以边沿方式放置圆弧
	放置走线		以中心方式放置圆弧
	放置焊盘		以任意角度放置圆弧
	放置过孔		绘制整圆
	放置字符串		放置矩形填充
	放置坐标		放置多边形填充
	放置尺寸标注		放置内部电源和接地层
	放置相对原点		特殊粘贴剪切板中内容
	放置元件		

第6章 电压检测电路PCB单面板的绘制

（3）元件布置工具栏

在绘制 PCB 过程中，元件布置工具栏为元件的排列和布局提供了方便。元件布置工具栏可以通过执行【View】→【Toolbars】→【Component Placement】菜单命令来打开或关闭。表 6-3 列出了所有的元件布置工具。

表 6-3　元件布置工具作用

工具符号	作　用	工具符号	作　用
	被选元件向最左边元件对齐		被选元件垂直等距平铺
	被选元件按元件水平中心线对齐		增加被选元件的垂直间距
	被选元件向最右边元件对齐		减小被选元件的垂直间距
	被选元件水平等距平铺		被选元件在一个空间定义内部排列
	增加被选元件的水平间距		被选元件在一个矩形内部排列
	减小被选元件的水平间距		被选元件移动到栅格
	被选元件与顶部元件对齐		被选元件创建为一个整体
	被选元件按元件垂直中心线对齐		从一个整体中分离被选元件
	被选元件与底部元件对齐		弹出对齐对话框

（4）查找选取工具栏

在绘制 PCB 过程中，查找选取工具栏允许从一个选择元件以向前或向后的方向到下一个元件。查找选取工具栏可以通过执行【View】→【Toolbars】→【Find Selections】菜单命令来打开或关闭。

（5）自定义工具栏

在绘制 PCB 过程中，可以通过执行【View】→【Toolbars】→【Customize】打开或关闭自定义工具栏。执行此命令，可以弹出如图 6-16 所示的自定义工具栏对话框。

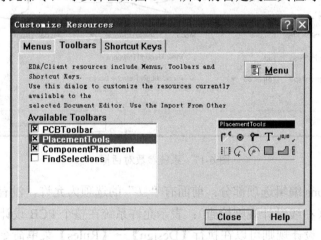

图 6-16　自定义工具栏对话框

对话框包括 3 个选项卡，分别为 Menus（菜单选项卡）、Toolbars（工具栏选项卡）、Shortcut Keys（快捷键选项卡）。

- Menus（菜单选项卡）：可以选择或编辑当前主菜单的类型，编辑 PCB 图时为 "PCB Menu"，建议大家不要轻易更改。
- Toolbars（工具栏选项卡）：如图 6-16 所示，前面带 "×" 号的代表该工具栏处于打开状态,可以通过勾选选项前的"×"号来打开或关闭所需要的工具栏。

【注意】通过此方法打开或关闭工具栏与选择相应菜单命令有同样的效果。

- Shortcut Keys(快捷键选项卡):用于设置 PCB 环境下菜单的快捷键。

6.2.3 简单 PCB 环境设置

1)如何设置 PCB 环境参数

对于 PCB 制作而言,环境参数的设置非常重要。通过恰当地设置工作参数,设计者可以使系统按照自己的要求工作。因此,参数一旦设定将成为用户个性化的工作环境。

执行【Tools】→【Preference】菜单命令,弹出如图 6-17 所示系统参数对话框。

参数对话框共分为 6 个选项卡,即"Options(选项)"选项卡、"Display(显示)"选项卡、"Colors(颜色)"选项卡、"Show/Hide(显示/隐藏)"选项卡、"Defaults(默认)"选项卡、"Signal Integrity(信号完整性)"选项卡。

(1)Options(选项)选项卡

如图 6-17 所示,选项选项卡可划分为 6 个部分。

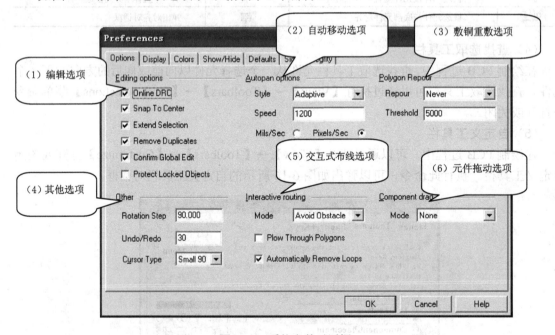

图 6-17 系统参数对话框

① Editing Options 编辑选项部分:前面有"√"的选项为允许,没有的为禁止此选项。

- Online DRC(在线设计规则检查):表示允许系统在整个 PCB 设计过程中自动按照设计规则检查。设计规则可以在执行【Design】→【Rules】菜单命令弹出的设计规则对话框中进行设置。此选项系统默认为选中状态。
- Snap To Center(对齐中心):表示移动元件封装或字符串时,光标会自动移到参考点上。此选项系统默认为选中状态。
- Extend Selection(扩展选中):表示在选取 PCB 图上的元件时,不取消原先选中的元件,连同新选取的元件一同处于选中状态。此选项系统默认为选中状态。个人可以根据自己的使用习惯取消选中。

- Remove Duplicates（删除重复元件）：表示系统自动删除重复的元件。此选项系统默认为选中状态。
- Confirm Global Edit（确认全局编辑）：表示进行全局编辑时，系统将给出提示，待用户确认后才允许进行全局编辑。此选项系统默认选中。
- Protect Locked Objects（保护锁定元件）：在进行高速自动布线时保护锁定对象。此选项系统默认不选。

② Autopan options 自动移动选项部分：主要用于设置光标自动移动功能。
- Style（移动模式）：总共有七种模式可供用户选择。系统默认为 Adaptive。
- Adaptive（自适应）：系统自动选择移动方式。
- Disable（禁止）：光标移动到工作区边缘时，光标不再向工作区以外的区域移动。
- Recenter（重定位）：光标移动到工作区边缘时，以光标所在区重新定位。
- Fixed Size Jump（固定尺寸跳转）：选择此项时，会出现 Step Size（步长尺寸）选项，用户可设定步长值。光标在工作区边缘时，系统将以 Step Size 值为单位向工作区外移动。
- Shift Accelerate（Shift 加速）：会出现 Step Size（步长尺寸）和 Shift Step（Shift 键步长）选项，用户可设定步长值和 Shift 键步长值。光标在工作区边缘时，如果 Shift Step 值大于 Step Size 值，当用户移动光标的同时按下 Shift 键，将以 Shift Step 值为单位向工作区外移动。移动光标同时没有按下 Shift 键，将以 Step Size 值为单位向工作区外移动。
- Shift Decelerate（Shift 减速）：会出现 Step Size（步长尺寸）和 Shift Step（Shift 键步长）选项，用户可设定步长值和 Shift 键步长值。光标在工作区边缘时，如果 Shift Step 值大于 Step Size 值，当用户移动光标的同时按下 Shift 键，将以 Step Size 值为单位向工作区外移动。移动光标同时没有按下 Shift 键，将以 Shift Step 值为单位向工作区外移动。

③ Polygon Repour 敷铜重铺部分：主要用于设置敷铜重铺。默认选项为 Never（从不重铺）。如果选择 Always，则在敷铜部分改变走线后敷铜部分会自动重铺。

④ Other 其他选项部分
- Rotation Step（旋转值）：每次按下空格键时，元件旋转的角度，默认值为 90°。
- Undo/Redo（撤销/重做）：用于设置撤销/重做的次数。
- Cursor Type（光标类型）：用于设置光标的形状。

⑤ Interactive routing 交互式布线选项部分：用于设置在 PCB 自动布线时，系统采取的模式。主要有以下三种：Ignore Obstacle(忽略障碍)、Avoid Obstacle（避免障碍）、Push Obstacle（清除障碍）。默认模式为 Avoid Obstacle，此时还会有两个选项。分别为：
- Plow Through Polygon：使用多边形检测布线障碍。默认为不选中。
- Automatically Remove Loops（自动删除回路）：在布导线时，如果发现已经有一条回路可以替代此导线，则自动删除回路。

⑥ Component drag 元件拖动选项部分：默认值为 None。有两个选项。
- None：当在 PCB 环境下拖动元件时，只有元件移动，与之连接的导线会断开。
- Connected Tracks：当在 PCB 环境下拖动元件时，除了元件移动，与之连接的导线会一起移动。

(2) Display（显示）选项卡

单击 Display 可以显示 Display（显示）选项卡。该选项卡主要包括以下四个部分（图 6-18）。

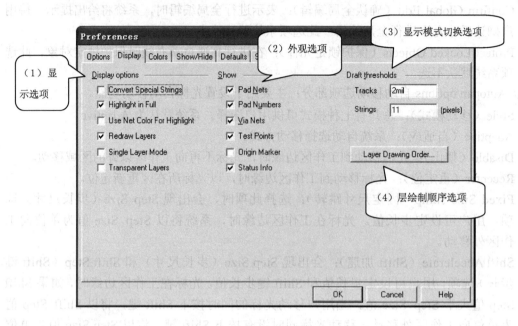

图 6-18　显示选项卡

① Display options 显示选项
- Convert Special String：用于将特殊字符串转换成它代表的文字，此选项默认为不选中。
- Highlight in Full：用于将选取的元件高亮显示以区别其他未被选中元件，此选项默认为选中。
- Use Net Color For Highlight：用于设置高亮色显示网络时采用网络颜色，此选项默认为不选中。
- Redraw Layers：用于设置重画电路时，系统逐层重画，此选项默认为选中。
- Single Layer Mode：用于设置只显示当前编辑的板层，此选项默认为不选中。
- Transparent Layer：用于设置所有板层为透明层，选中此项后所有导线、焊盘等都变成了透明色。此选项默认为不选中。

② Show 外观选项
- Pad Nets：显示焊盘网络名称，此选项默认为选中。
- Pad Numbers：显示焊盘编号，此选项默认为选中。
- Via Nets：显示过孔网络名称，此选项默认为选中。
- Test Points：显示测试点，此选项默认为不选中。
- Origin Marker：显示相对原点标志，此选项默认为不选中。
- Status Info：显示系统工作状态信息，此选项默认为选中。

③ Draft thresholds 显示模式切换
- Tracks：粗细大于此值的导线，以实际轮廓显示，否则只以框显示。
- Strings：像素大于此值的字符，以文本显示，否则只以框显示。

④ Layer Drawing Order 层绘制顺序。

单击 Layer Drawing Order 按钮，弹出如图 6-19 所示对话框。通过选中相应层，点击 Promote（上移）或 Demote（下移）调整层绘制的顺序，最上面层先绘制。点击 Default 按钮恢复默认设置。

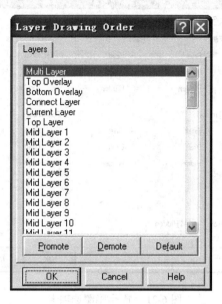

图 6-19　层绘制顺序对话框

(3) Colors（颜色）选项卡

单击 Colors 可以显示 Colors（颜色）选项卡，如图 6-20 所示。通过点击对应层后的颜色块可以设置对应层元件的显示颜色。

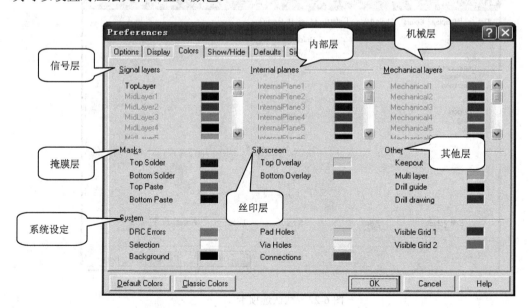

图 6-20　颜色选项卡

(4) Show/Hide（显示/隐藏）选项卡

单击 Show/Hide 可以显示 Show/Hide（显示/隐藏）选项卡，如图 6-21 所示。该选项卡主要用于设置各种 PCB 元素的显示模式。每种元素都有三种显示模式，分别为 Final（精细显示模式）、Draft（粗略模式）和 Hidden（隐藏显示模式）。默认设置为 Final。

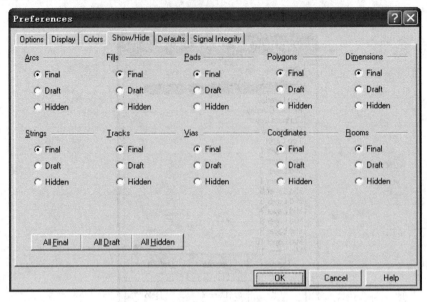

图 6-21　显示/隐藏选项卡

（5）Defaults（默认）选项卡

单击 Defaults 显示 Defaults（默认）选项卡，如图 6-22 所示。你所绘制的 PCB 图中所包含的元素都出现在了元件类型框里。

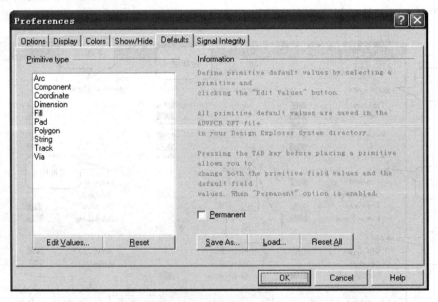

图 6-22　默认选项卡

选中 Track，单击 Edit Value 按钮，弹出如图 6-23 所示对话框。通过修改该对话框属性值，可以修改导线的系统默认值。以此类推，也可以修改其他元件的系统默认值。

第 6 章 电压检测电路 PCB 单面板的绘制

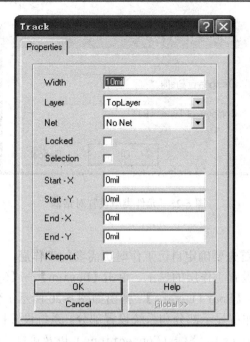

图 6-23 导线属性对话框

(6) Signal Integrity（信号完整性）选项卡

单击 Signal Integrity 显示 Signal Integrity（信号完整性）选项卡，如图 6-24 所示。

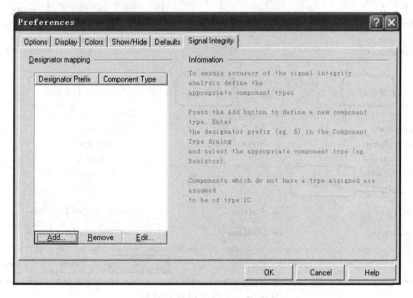

图 6-24 信号完整性选项卡

通过设置元件标号与元件类型的对应关系，可以让系统分析元件的信号完整性。点击 Add 按钮，弹出如图 6-25 所示的元件类型对话框。输入元件标号，选正确的元件类型，最后单击 OK 即可。

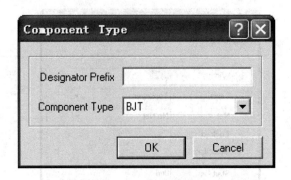

图 6-25 元件类型设置对话框

2）控制图层的显示

在进行 PCB 设计时，首先要确定自己工作时所需要的工作层，不可能将所有的工作层全部打开显示，所以要正确设置工作层的显示。单击【Design】→【Options】菜单命令或者单击右键选择【Options】→【Board Layers】，弹出如图 6-26 所示工作层设置对话框。此对话框可分为 2 个部分，即工作层显示部分和系统设置部分。系统设置控制板层上过孔通孔（Via Holes）、焊盘通孔（Pad Holes）、飞线（Connections）以及可视化栅格（Visible Grid）的显示。DRC Errors 用于设置系统是否显示自动布线检查错误信息。

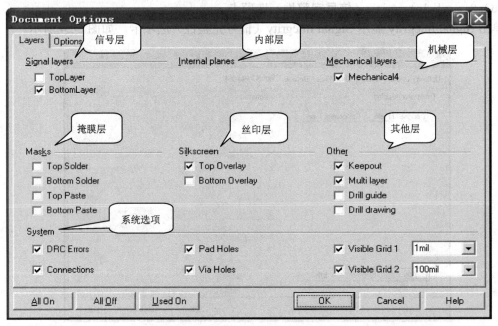

图 6-26 工作层设置对话框

① 信号层
- TopLayer：顶层；
- BottomLayer：底层。

② 掩膜层
- Top Solder：顶层阻焊层。
- Bottom Solder：底层阻焊层。

- Top Paste：顶层助焊层。
- Bottom Paste：底层助焊层。

③ 丝印层
- Top Overlay：顶层丝印层，一般会将注释印刷在这一层。
- Bottom Overlay：底层丝印层。

④ 其他层
- Keepout：边界层。
- Multi layer：多层，通孔层。
- Drill guide：钻孔导引层。
- Drill drawing：钻孔图层。

⑤ 系统选项
- DRC Errors：设计规则检查错误显示。
- Connections：显示飞线。
- Pad Holes：显示焊盘。
- Via Holes：显示过孔。

⑥ 栅格（网格）设置
- Visible Grid1：可视栅格 1。
- Visible Grid2：可视栅格 2。

【注意】在设置显示栅格时，如图 6-26 所示有两组栅格，被选中的栅格显示，未选中的不显示。如果两组都选中，则都显示。读者可以自己试试。

3）设置 PCB 图纸上的栅格及测量单位

在绘制 PCB 时，需要根据工作的需要灵活设置 PCB 图纸上显示的栅格的大小和光标移动栅格大小。在设计窗口中单击鼠标右键，选择菜单【Options】->【Board Options】命令，弹出如图 6-27 所示对话框。设置选项都在图中予以标出。

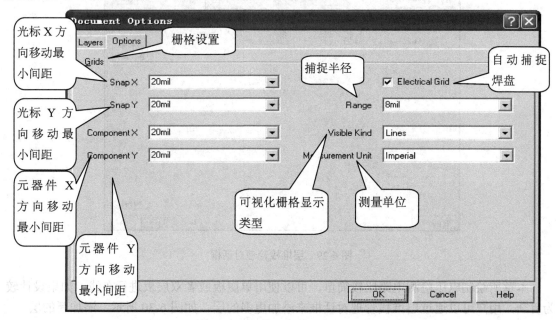

图 6-27　文档选项对话框

在 PCB 环境中所用到的尺寸单位一般是英制（Imperial）的，为了方便有时将单位切换成公制（Metric），如图 6-27 所示 Measurement Unit 右侧选项。

【注意】Visible kind 是设置 PCB 图纸的栅格显示类型。可选的有 2 种，即 Lines（线状）和 Dots（点状），系统默认为 Lines。如果在图 6-26 中选中第一组栅格，在图 6-27 中 Visible kind 设置为 Dots，PCB 环境如图 6-28 所示。

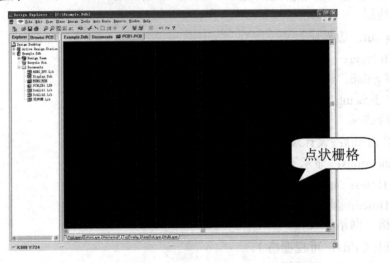

图 6-28　点状栅格 PCB 环境

4）Layer Stack Manager（层堆栈管理）对话框

通过选择菜单【Design】->【Layer Stack Manager】命令，可以调出层堆栈管理对话框，如图 6-29 所示。

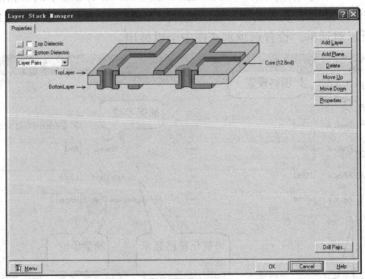

图 6-29　层堆栈管理对话框

本章所绘制电压检测电路比较简单，可以使用单层板或者双层板进行布线。如果设计较为复杂，用户可以通过层堆栈管理对话框来添加更多的层。如图 6-30 所示，添加新的层。

第 6 章 电压检测电路 PCB 单面板的绘制

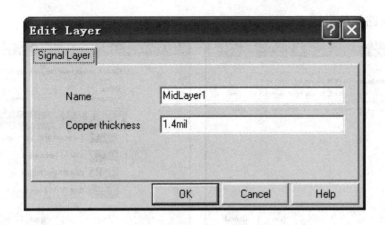

图 6-30 编辑层对话框

新的层将会添加到当前选定层的下方。层电气属性，如铜的厚度和介电性能，将被用于信号完整性分析。单击 OK 以关闭该对话框。

6.3 规划电路板

必须根据元件的多少、大小，以及电路板的外壳等限制因素来确定电路板的大小。除有特殊要求外，电路板尺寸要尽量满足国家标准。本章要绘制的电压检测控制电路原理图前面已经绘制过了，可以看到该电路并不复杂，元器件也并不多。这里采用了 4400mil（宽）×1810mil（高）的电路板尺寸。

确定好电路板尺寸后，可以开始规划电路板了。规划电路板可以有两种方法。

6.3.1 采用 PCB 向导规划电路板

这种方法比较简单，下面先讲一下它的操作步骤。

① 点击【File】→【New】菜单命令，弹出新建对话框，选中 Wizards 选项卡。如图 6-31 所示，选中 Printed Circuit Board Wizard（PCB 向导），最后点击【OK】按钮，出现如图 6-32 所示的生成电路板向导。

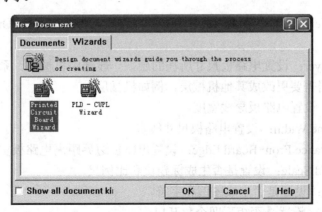

图 6-31 Wizards 选项卡

② 点击【Next】按钮，进入向导下一步，系统弹出如图 6-33 所示的预定义标准板对话

· 107 ·

框，可以选择电路板的类型了。

图 6-32　生成电路板向导

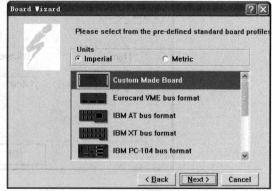

图 6-33　预定义标准板对话框

③ 出现的板卡类型有很多种，读者可以一一去试。这里需要自己按照要求创建一个电路板，所以选中 Custom Made Board（自定义类型）。点击【Next】按钮，出现如图 6-34 所示的设定板卡相关属性对话框。

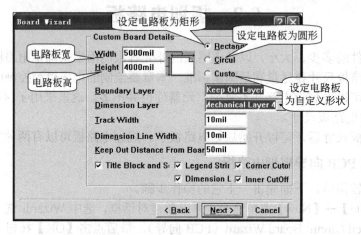

图 6-34　设定板卡属性对话框

- Boundary Layer：设置电路板的边界所在的电路层，一般为 Keep Out Layer（禁止布线层）。
- Dimension Layer：设置电路板尺寸所在的层，一般选中机械层。系统默认为第 4 机械层，可以根据需要更改成其他机械层，例如机械层 1。
- Track Width：设置电路板导线宽度。
- Dimension Line Width：设置电路板尺寸线宽。
- Keep Out Distance From Board Edge：设置电路板边界距离电路板实际边界的距离。
- Title Block and Scale：设置是否生成标题块和比例尺。
- Legend String：设置是否生成图例和字符。
- Corner CutOff：设置是否矩形四个角开口。
- Dimension Lines：设置是否生成尺寸线。
- Inner CutOff：设置是否电路板中间开口。

④ 在宽和高设置框中分别输入电路板的参数，设置电路板为矩形，点击【Next】按钮，出现如图 6-35 所示电路板外形对话框。

⑤ 如果上一步中电路板的宽和高的数值输入错误，可以在这一步进行更改。只要点击相应的数值，在参数框内可以输入新的数值，设置完毕后，点击【Next】按钮，系统弹出如图 6-36 所示的电路板产品信息对话框。

在产品信息对话框中可以填入相应的产品信息。

⑥ 点击【Next】按钮，弹出图 6-37 所示的设置电路板工作层对话框。

在电路板工作层对话框中，选择 Two Layer-Plated Through Hole，设置为双面板。设置完毕后，点击【Next】按钮，弹出如图 6-38 所示的设置过孔类型对话框，选择 Thruhole Vias only。

⑦ 点击【Next】按钮，系统弹出如图 6-39 所示的元器件选择对话框。其中 Surface-mount components 表示是以表面粘贴式器件为主，主要适用于 SMT 器件比较多的场合。Through-hole components 表示是以针脚式元器件为主。在对话框靠下的部分有一个选项，这个是设置两个焊盘之间能通过的导线数量，在这里选择 Two Track，表示能通过两条导线。

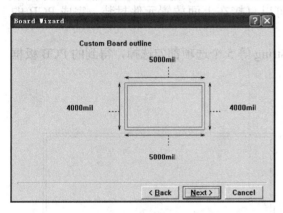

图 6-35　电路板外形对话框

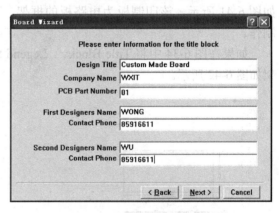

图 6-36　电路板产品信息对话框

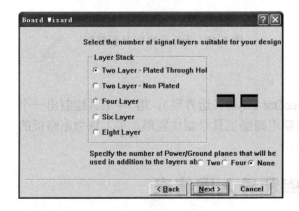

图 6-37　设置电路板工作层对话框

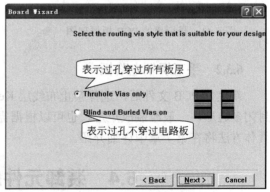

图 6-38　设置过孔类型对话框

⑧ 点击【Next】按钮，系统弹出如图 6-40 所示的最小尺寸设置对话框。
- Minimum Track Size：最小导线尺寸。
- Minimum Via Width：最小过孔直径。
- Minimum Via HoleSize：最小过孔通孔（内孔）直径。

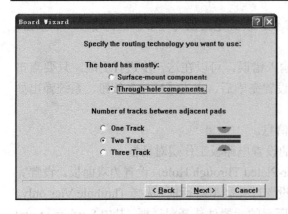
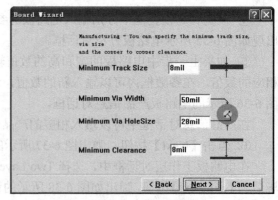

图 6-39　元器件选择对话框　　　　　图 6-40　最小尺寸设置对话框

- Minimum Clearance：最小导线间安全距离。

⑨ 点击【Next】按钮，系统弹出完成对话框，单击【Finish】按钮完成印制板的生成。如图 6-41 所示，该印制板为电路板的框架。可以直接在上面放置元件封装，完成 PCB 的制作。

如果在图 6-34 中将 Title Block、Legend String 等 5 个选项都勾选掉，得到的 PCB 板框架如图 6-42 所示。

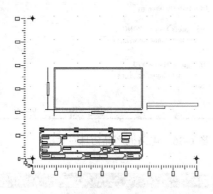
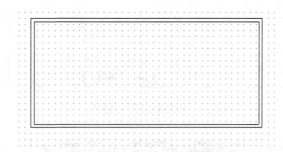

图 6-41　带标尺的 PCB 板框架图　　　　图 6-42　无标尺的 PCB 板框架

6.3.2　手工规划电路板

新建好 PCB 文件后，选择禁止布线层 KeepOut Layer（边界层），用 工具绘制出一个封闭多边形，一般绘制成矩形，也可以根据需要用画圆工具绘制成圆形。手工规划电路板的具体方法将在第 7 章中详细介绍。

6.4　装卸元件库和导入网络表

通过前面的一系列参数设置和规划电路板，可以导入网络表了。在导入网络表前，需要添加系统的元件封装库。

6.4.1　装卸元件封装库

根据设计需要，装入制作 PCB 板必需的几个元件封装库，其基本步骤与添加原理图元件封装库一样。具体操作步骤如下。

① 在编辑 PCB 状态下，点选如图 6-43 所示的 Browse PCB 选项卡。然后单击 Browse 浏览栏下右边的下拉按钮，选择 Libraries（库）。最后单击【Add/Remove】按钮，弹出如图 6-44 所示的添加/删除库文件对话框。也可以直接通过执行【Design】→【Add/Remove Library】菜单命令弹出添加/删除库文件对话框。

② 在该对话框中，通过上方的搜寻窗口选取库文件安装目录，并选中要添加的库文件。单击【Add】按钮，选中的库文件就出现在下方的文件列表中，最后单击【OK】按钮关闭对话框。在本章中需要添加的库文件有 PCB Footprints.lib、Transformers.lib。

③ 要移除库文件，同样先执行第①步，在第②步中先从对话框下方的库文件列表中选中要移除的库文件，点击【Remove】按钮，最后单击【OK】按钮关闭对话框。

【注意】在制作 PCB 时，常用的元件封装库有 Advpcb.lib、DC to DC.ddb、General IC.ddb 等，用户还可以选择自己需要的系统提供的封装库。为方便用户使用，表 6-4 列出常用系统提供的元件封装库。

图 6-43 Browse PCB 选项卡

图 6-44 添加/删除库文件对话框

表 6-4 常用元件封装库列表

D type connectors.ddb	并口、串口类接口元件的封装
headers.ddb	各种插头元件的封装
general ic.ddb	CFP、DIP、JEDECA、LCC、DFP、ILEAD、SOCKET、PLCC 系列以及表面贴装电阻、电容等元件封装
international rectifiers.ddb	整流桥、二极管等的封装
Miscellaneous.ddb	电阻、电容、二极管等的封装
PGA.ddb	PGA 封装
Transformers.ddb	变压器元件封装
Transistors.ddb	晶体管元件封装

元件封装库一般是在安装目录下\Library\Pcb 文件夹下。

6.4.2 导入网络表

添加元件封装库后,还需要导入网络表,将由原理图生成的网络表载入 PCB 环境。

执行【Design】→【Load Nets】菜单命令,弹出如图 6-45 所示的装入网络表对话框。点击【Browse】按钮,弹出如图 6-46 所示的网络表文件选择对话框。在该对话框中找到网络表所在位置,点击【OK】按钮关闭对话框。

网络表载入后,对话框变成如图 6-47 所示。对话框下面的信息 All macros validated 表示没有错误。如果出现如图 6-48 所示的信息,表示网络表载入有错误。

网络表载入时,在错误信息提示栏中提示的错误有很多种情况。一般出现以"Warning"开始的警告信息,一般是因为某些元件有悬空的管脚,要根据实际情况做更改。出现以"Error"开始的错误信息,一般是由于元件没有定义封装形式或定义的封装形式不正确。这里做一些总结。

错误 1:Node not found,即网络载入时报告 Node 没有找到,有以下三种可能:

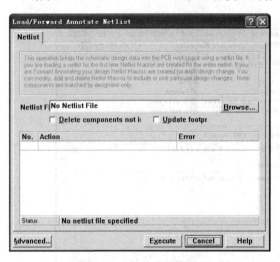

图 6-45　装入网络表对话框　　　　图 6-46　网络表文件选择对话框

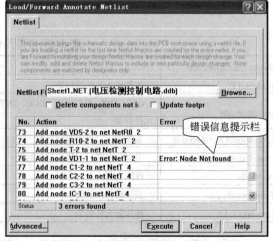

图 6-47　装入网络表后的对话框　　　图 6-48　出现错误信息的对话框

- 原理图中的元件使用了 Pcb 库中没有的封装;

- 原理图中的元件使用了 Pcb 库中名称不一致的封装；
- 原理图中的元件使用了 Pcb 库中 pin number 不一致的封装。如三极管：Sch 中 pin number 为 e、b、c，而 Pcb 中为 1、2、3。

错误 2：Footprint xxx not found in Library，即封装 xxx 在库中没有找到，错误的原因是含有封装 xxx 的库没有被添加，只需要添加相应的元件封装库即可。

错误 3：Component not found，即没有发现元件封装。发生错误的原因可能是没有装入库文件，也可能是在原理图设计时没有指定该元件的封装形式。解决方法是装入相应的库文件或者回到原理图环境给元件添加好封装后再重新生成网络表并载入。

如果网络表载入没有出现错误，则单击【Execute】按钮，即可装入网络表与元件封装，如图 6-49 所示。

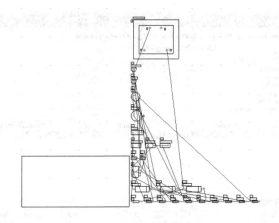

图 6-49　装入网络表后的元件封装

6.5　PCB 布局

Protel 99SE 具有强大的自动布局和自动布线功能，从而提高了工作效率。它可以通过设置好的程序算法，根据网络表文件自动将元件分开，放置在已经规划好的印制电路板电气边界内并自动布线。

网络表载入后，元件是堆在电气边界之外的，可以采用推挤法将重叠的元件封装排列开来。执行【Tools】→【Auto Placement】→【Set Shove Depth】菜单命令，先设置好推挤的深度，如图 6-50 所示。再执行【Tools】→【Auto Placement】→【Shove】菜单命令，光标变成十字形，在重叠的元件封装上单击鼠标左键，然后在出现的元件清单中选择一个作为中心的元件封装，然后系统将进行推挤工作，最后系统将以此元件封装为中心将其他元件封装与之分开。

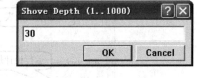

图 6-50　推挤深度设置对话框

【注意】　推挤深度值设置越大，元件分开的越好。

6.5.1　PCB 自动布局

如果在装入网络表后直接进行布局，系统将采用默认的自动布局设计规则。为了使自动布局结果更符合要求，可以在自动布局前设置一些规则。

(1) **设置自动布局规则**

① 执行【Design】→【Rules】菜单命令，或单击鼠标右键选择【Rules】命令，系统将弹出设计规则对话框，如图 6-51 所示。

② 点击 Placement 选项卡，弹出如图 6-52 所示的自动布局设计规则对话框。

在布局规则选择列表框中有 5 类自动布局规则。这 5 类规则主要是设置对元件封装布局的一些约束条件。

- Component Clearance Constraint：设置元件封装之间的安全距离。单击【Add】按钮，在出现的如图 6-53 所示的对话框。在 Gap 输入框里输入元件封装之间的间隔距离。例如 100mil，其他设置采用系统默认值。设置完毕后点击【OK】按钮，可以看到设置规则列表里添加了一项元件距离约束。

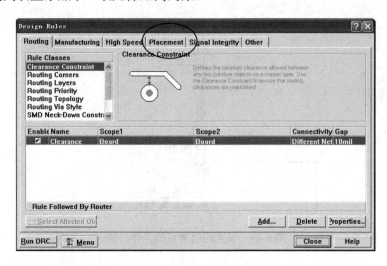

图 6-51　设计规则对话框

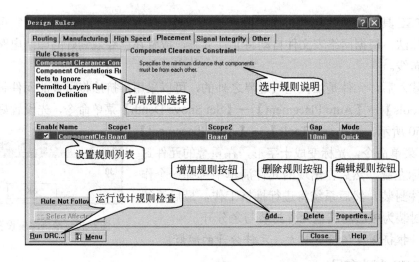

图 6-52　自动布局设计规则对话框

第 6 章　电压检测电路 PCB 单面板的绘制

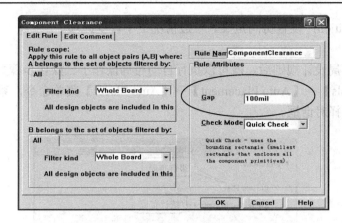

图 6-53　元件封装距离设置对话框

- Component Orientations Rule：设置元件封装放置的方向。单击【Add】按钮，出现如图 6-54 所示的对话框。在右下角的角度选项里选择元件封装的放置角度，一般选中 0°或 90°。

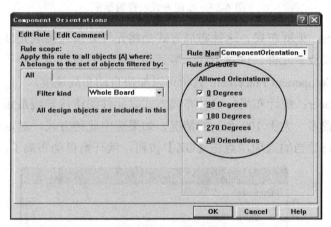

图 6-54　元件封装放置角度对话框

- Nets to Ignore：设置不需要布线的网络，一般网络都需要布线，所以不设置该项。
- Permitted Layers Rule：设置元件封装放置层面。单击【Add】按钮，在出现的如图 6-55 所示的对话框中选择元件放置的层面。一般将元件放置在顶层。设置完毕后，单击【OK】按钮关闭对话框。

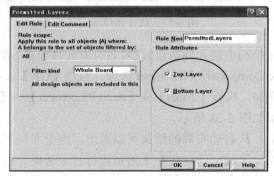

图 6-55　封装放置层面设置对话框

- Room Definition：设置房间定义。一般情况下不设置此项。

（2）自动布局

在设置自动布局设计规则后，就可以执行自动布局操作了。操作步骤如下。

① 执行【Tools】→【Auto Placement】→【Auto Placer】菜单命令，系统弹出如图 6-56 所示的布局方式选择对话框。

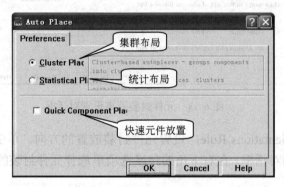

图 6-56　布局方式选择对话框

- Cluster Placer：集群布局。这种布局方式是将元件分组连接成元件串，在布局区域内按照几何方式放置元件。这种方式一般适用于元件数量较少（少于 100 个）的情况。选中 Quick Component Placement 选项可以加快自动布局速度。
- Statistical Placer：统计布局。这种布局方式以元件间连接导线最短为标准。一般适用于元件数量较多（大于 100 个）的情况。如果选中此种方式，对话框会变成如图 6-57 所示。设置好适当的选项，点击【OK】按钮，就开始自动布局了。

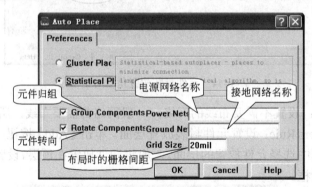

图 6-57　统计布局方式设置

本章所绘制的电压检测电路元件数量较少，且分立元件较多，故采用第一种 Cluster Placer 布局方式。选中 Quick Component Placement 选项，点击【OK】按钮，开始自动布局。如果在布局过程中想中止布局，执行【Tools】→【Auto Placement】→【Stop Auto Placer】菜单命令。自动布局后的结果如图 6-58 所示。

② 手动调整布局。从自动布局的结果可以看出：由于布局间距设置较小，系统在自动布局时没有充分利用布局区域空间，在左下角布置得过于密集。整体显得比较杂乱，不利于将来布线。这里利用手动的方式来进行调整，调整后的布局图如图 6-59 所示。

第 6 章　电压检测电路 PCB 单面板的绘制

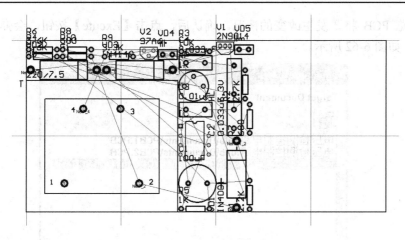

图 6-58　自动布局结果

6.5.2　PCB 手动布局

手动布局就是以手工的方式对放置在 PCB 图中的元件封装进行位置调整、排列，使元件处于合适的位置。手动布局的方式比较适合于由分立元件组成的小规模、低密度的 PCB 图设计。

本例中将网络表导入后，直接通过用鼠标点击元件封装，将其拖到合适的位置。手动布局好的 PCB 图如图 6-59 所示。

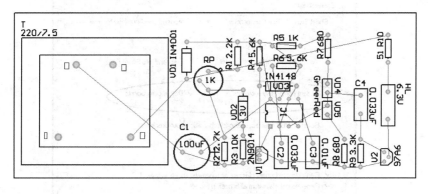

图 6-59　调整后的布局

6.5.3　更新 PCB

如果在载入网络表后，发现有些元件封装没有出现在 PCB 板上，或者有些元件之间没有飞线连接。这时可以修改原理图，重新生成网络表，然后重新予以加载。但是，如果是布局已经进行了大半的情况下呢？可以采用另外一种方法，在不影响先前布局的情况下将遗失的封装捡回来。

执行【Design】→【Update PCB】菜单命令，系统将弹出如图 6-60 所示文件同步对话框，如果你文档中有多个 PCB 文档，选择你想更新的那一个。

选择好文档后，单击【Apply】按钮，弹出如图 6-61 所示选择 PCB 自动更新设计对话框。勾选上 Update component footprints 和 delete component 选项。这样在更新 PCB 时就会将遗失的封装找回来，同时会将出错的元件予以删除。在确认执行前，可以单击【Preview

Changes】浏览 PCB 将要发生改变的情况。确认后，点击【Excute】按钮，会弹出确认元件关系对话框，如图 6-62 所示。

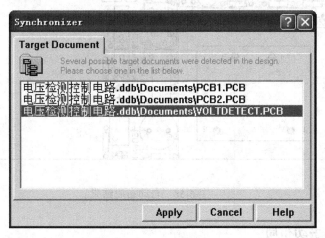

图 6-60　同步对话框

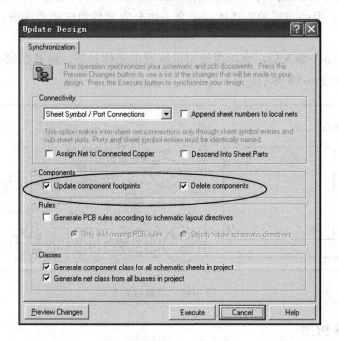

图 6-61　更新设计对话框

此时，单击【Apply】按钮，Protel99SE 会自动跳入你所设计的 PCB 文件，看看你遗失的元件封装回来没有，封装之间的飞线出现没有？你会惊奇地发现它们都出现了。

这种方法也适用于不生成网络表直接制作 PCB 的场合。当绘制好原理图后，只要封装等参数一切设置妥当。我们可以先新建一个 PCB 文档，规划好电路板的大小，然后直接在原理图上单击【Design】->【Update PCB】命令，选择我们事先制作好的 PCB 文档来制作 PCB 板。

第 6 章　电压检测电路 PCB 单面板的绘制

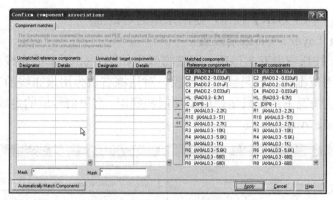

图 6-62　确认元件关系对话框

6.6　自动布线

自动布局以及调整布局，或者手动布局后，接下来就要进行自动布线工作。一般来说，用户会对设计的电路板有些要求，然后按照这些要求来布线。因此，在自动布线前要先设置自动布线规则。

6.6.1　设置自动布线规则

执行【Design】→【Rules】菜单命令，或者单击鼠标右键选中【Rules】命令，系统将弹出如图 6-63 所示的自动布线规则对话框。

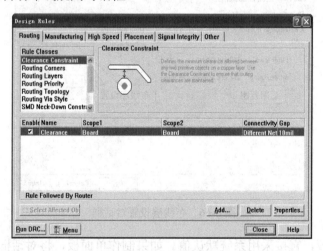

图 6-63　自动布线规则对话框

（1）Clearance Constraint（安全间距设置）

单击【Add】按钮，系统将弹出如图 6-64 所示的安全间距设置对话框。该对话框设置的安全间距适用范围一般情况下指定为整个电路板（Whole Board）。

（2）Routing Corners Rules（走线拐角设置）

单击【Add】按钮，系统将弹出如图 6-65 所示的走线拐角设置对话框。走线拐角方式有 45°、90°和圆形拐角，一般采用 45°拐角。当选择 45°或圆形拐角方式时，还应设置转角尺寸的最小值和最大值。

·119·

设置完成后，单击【OK】按钮，返回原来的对话框。

(3) Routing Layers（布线层设置）

单击【Add】按钮或者双击该项，系统将弹出如图 6-66 所示的布线层设置对话框。对话框左边为规则适用范围，一般是整个电路板。对话框右边为用来布线的工作层，系统列出了 32 个信号层，默认情况下系统只是使用了顶层和底层。常用信号层的走线有 4 种：Horizontal、Vertical、Not Used、Any。

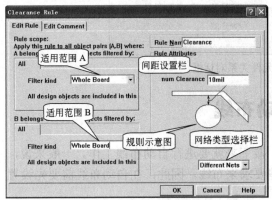

图 6-64　安全间距设置对话框

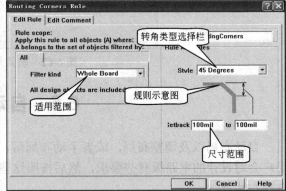

图 6-65　走线拐角设置对话框

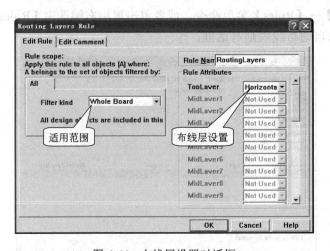

图 6-66　布线层设置对话框

如果制作双面板，直接采用系统默认值。如果制作单面板，将对话框中顶层的走线模式设置为 Not Used（不使用），底层的走线模式设置为 Any。设置完成后，单击【OK】按钮，返回原来的对话框。

(4) Routing Priority（布线优先级设置）

单击【Add】按钮或者双击该项，系统将弹出布线优先级设置对话框。在对话框左边指定范围，右边输入优先级。优先级范围为 0～100，其中 0 为最低优先级，100 为最高优先级。

(5) Routing Topology（布线拓扑约束设置）

单击【Add】按钮或者双击该项，系统将弹出如图 6-67 所示的对话框。布线拓扑约束设置也就是设置走线模式。对话框左边为适用范围，一般情况下是整个电路板。对话框右边的为走线模式，共 7 种：Shortest（最短路径走线）、Horizontal（水平走线）、Vertical（垂直走线）、Daisy-Simple（简单菊花状走线）、Daisy-MidDriven（由中间往外菊状走线）、Daisy-Balance（平衡菊状走线）、Starburst（放射性走线）。一般情况下，采用默认值，即最短路径走线。

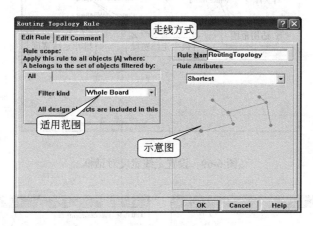

图 6-67 布线拓扑约束设置

（6）Routing Via Style Rule（过孔类型设置）

此选项用来设置自动布线时使用的过孔样式。单击【Add】按钮或者双击该项，弹出如图 6-68 所示的对话框。具体设置如图所示。

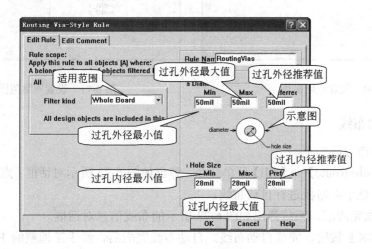

图 6-68 过孔类型设置对话框

（7）Width Constraint（走线宽度设置）

单击【Add】按钮或者双击该项，弹出如图 6-69 所示的设置走线宽度对话框。左边为走线宽度适用范围，右边为走线宽度。

如果希望设置电路中的某一个网络标号的导线宽度其它部分不一样，可以单击对话框左边的范围列表选择 Net，如图 6-70 所示，并在下拉列表中选择需要设置的网络。选择好后对话框变成如图 6-71，然后在右边的文本框设置所要的导线宽度。

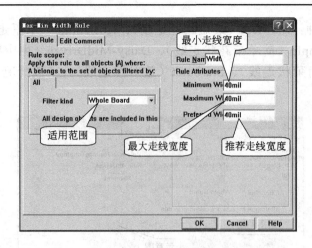

图 6-69 设置走线宽度对话框

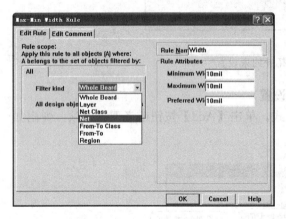

图 6-70 设置适用范围

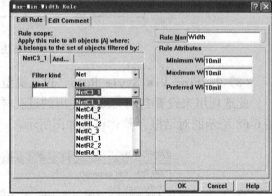

图 6-71 设置网络范围

6.6.2 自动布线

自动布线操作方法如下。

① 执行【Auto Route】→【All】菜单命令，弹出如图 6-72 所示对话框。点击【Route All】按钮，系统将对整个电路板进行自动布线。

② 自动布线完成后，系统弹出如图 6-73 所示的布线信息对话框。

③ 单击【OK】按钮，完成自动布线。自动布线完成后，经手工调整的 PCB 如图 6-74 所示，即本章开头的图 6-1。

④ 观看电路板 3D 效果图。执行【View】→【Board in 3D】，或单击主工具栏的 工具，可以看到电路板的立体效果图，如图 6-75 所示。

第 6 章 电压检测电路 PCB 单面板的绘制

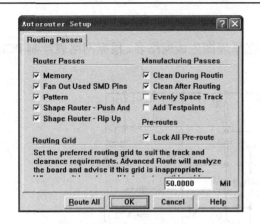

图 6-72 自动布线设置对话框

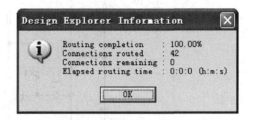

图 6-73 布线信息对话框

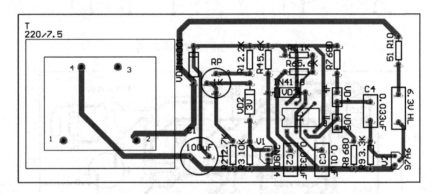

图 6-74 自动布线手工调整后的 PCB

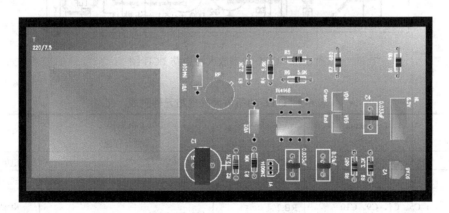

图 6-75 电路板 3D 效果图

6.7 上机实训 绘制 OTL 功率放大器 PCB 单面板

（1）上机任务

参照图 6-76 所示的 OTL 功率放大器电路原理图，绘制其单面 PCB 板图。参考图如图 6-77 所示。

(2) 任务分析

先要绘制出 OTL 功率放大电路的原理图，根据原理图生成网络表，根据网络表绘制 PCB 板图。

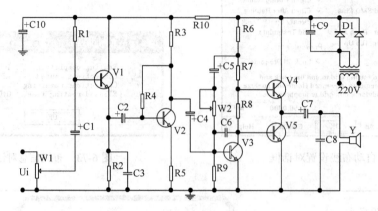

图 6-76　OTL 功率放大器原理图

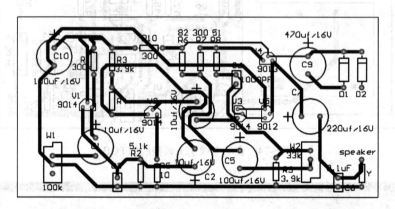

图 6-77　OTL 功率放大器电路 PCB 图

表 6-5　OTL 功率放大器电路元件列表

Lib Ref （元件样本名）	Designator （元件序号）	Footprint （元件封装名）	Part Type （元件标称值）	说　明
ELECTRO1	C1、C2、C4	RB.2/.4	10μF/16V	电解电容
CAP	C3、C6	RAD0.1	1500pF、1000pF	瓷片电容
ELECTRO1	C5、C7、C9、C10	RB.2/.4	100μF/16V、220μF/16V、470μF/16V、100μF/16V	电解电容
CAP	C8	RAD0.1	0.1μF	涤纶电容
NPN	V1～V3	TO-92A	9014	晶体三极管
NPN	V4	TO-92A	9013	晶体三极管
RES2	R1、R2、R3、R4、R5	AXIAL0.3	300kΩ、1kΩ、3.9kΩ、75kΩ、10Ω	电阻
RES2	R6、R7、R8、R9、R10	AXIAL0.3	82Ω、300Ω、51Ω、3.9kΩ、300Ω	电阻
POT2	W1	VR5	100kΩ	微调电位器
POT2	W2	VR5	33kΩ	实芯电位器
SPEAKER	Y	AXIAL0.3		扬声器

（3）操作步骤

① 启动 Protel 99SE，新建文件"OTL 功率放大器电路.sch"，进入原理图编辑界面。
② 装入元件封装库 Miscellaneous Devices.lib，绘制原理图。元件列表如表 6-5 所示。
③ 生成网络表。
④ 新建文件"OTL 功率放大器电路.PCB"，进入 PCB 图编辑界面。
⑤ 在工作层"KeepOut Layer"下规划电路板，长 4000mil，宽 2000mil。
⑥ 载入网络表，调整元件位置。
⑦ 自动布线，手工调整。

本章小结

本章主要讲解了印制电路板的设计流程，以及单面 PCB 板的制作。

（1）印制电路板设计流程

绘制电路原理图→规划电路板→设置参数→装入网络表及放置封装→元件布局→布线→优化调整→保存退出

（2）元件布局

① 手工布局。通过对元件排列、移动、旋转、复制、删除等手工操作，实现元件的布局。手工布局适合由分立元件组成的小规模、低密度 PCB 图的设计。
② 自动布局。Protel 99SE 自动进行布局，效率高、速度快。自动布局适合大规模、高密度的 PCB 图的设计。

（3）自动布线

通过设置好相应的布线规则后，Protel 99SE 可以对相应的网络进行全自动布线。自动布线后需要手工调整。

习 题

6-1 绘制如图 6-78 所示的原理图的 PCB 图，原理图元件见表 6-6，参考 PCB 见图 6-79。

表 6-6 元件表

元件名称	编 号	封 装	说 明
LM324	U1A、U1B	DIP14	低功耗四运放
1N4001	D1、D2	DIODE0.4	二极管
POT2	R8	VR2	电位器
CAP	C1、C2	RB.2/.4	电容
RES2	R1~R7	AXIAL0.3	电阻
CON4	J1	SIP4	连接器

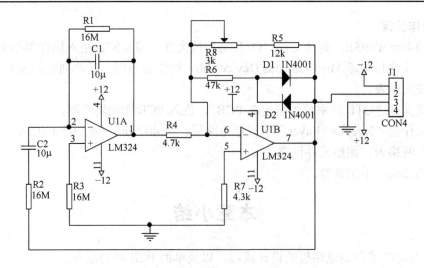

图 6-78 波形产生电路原理图

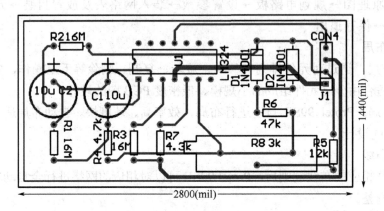

图 6-79 波形产生电路参考 PCB 图

6-2 绘制如图 6-80 所示的原理图的 PCB 图，原理图元件见表 6-7，参考 PCB 见图 6-81。

表 6-7 元件表

元件名称	编号	封装	说明
555	U1	DIP8	555 定时器
4040	U2	DIP16	计数器
4013	U3	DIP14	双 D 触发器
RES2	R1、R2、R3、R4	AXIAL0.3	电阻器
CAP	C1、C2	RAD0.1	电容器
LED	Red、Green	DIODE0.4	发光二极管

第 6 章 电压检测电路 PCB 单面板的绘制

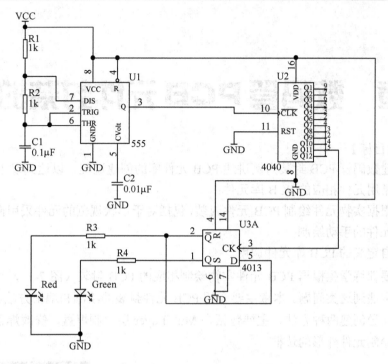

图 6-80 555 定时器应用电路

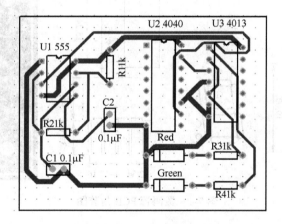

图 6-81 555 定时器应用电路参考 PCB 图

第7章 数码管PCB元件封装的创建

【本章学习目标】

本章以创建数码管 PCB 封装为例讲述 PCB 元件库的创建过程,以达到以下学习目标:
- ◇ 掌握常用元件相应的 PCB 库元件;
- ◇ 掌握根据实物元件绘制 PCB 元件封装,包括对于形状规范的元件采用向导制作和不规范元件的手动绘制;
- ◇ 掌握自定义的 PCB 库元件调用。

该项目主要训练学生根据 PCB 元件实物绘制相应的 PCB 封装(图 7-1),这在实际电路板设计时会常常遇到这类问题。本章主要介绍 PCB 元件封装的绘制和编辑方法,重点介绍手工创建和利用向导创建两种方法,主要包括在 MultiLayer 层绘制焊盘,修改焊盘的尺寸,在 TopOverlay 层绘制元件外形的边框。

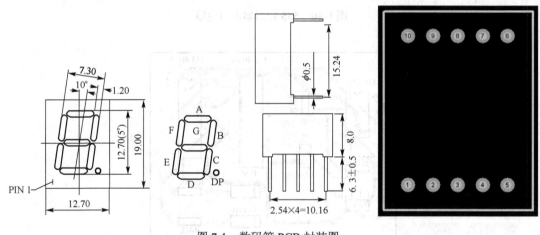

图 7-1 数码管 PCB 封装图

7.1 常用元件及其封装图

不同的元件有不同的封装,相同的元件不同的系列封装也不相同,有时同一元件,不同厂家生产提供的封装也不相同,所以合理选用元件封装是成功制作电路板的前提条件,为了给初学者提供初步的认识,下面提供一些常用元件的图像及其常用封装,为正确设计电路板打下良好基础。

7.1.1 电阻

电阻是电路中最常用的元件,一般以 R 为符号,根据功率的大小,形状变化较大,如图 7-2 所示。

第 7 章 数码管 PCB 元件封装的创建

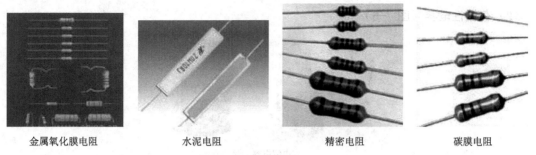

图 7-2 各类电阻实物图

电阻元件的封装可以用 AXIAL0.3～AXIAL1.0，AXIAL 在 PROTEL 软件里表示无极性双轴式元件，后面跟的小数表示本元件接脚的间距，这些间距单位为 mil，如图 7-3 所示。

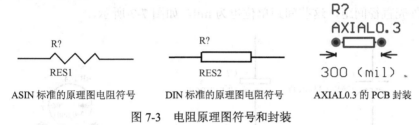

图 7-3 电阻原理图符号和封装

7.1.2 电容

电容也是电路中最常用的元件，一般以 C 为符号，根据材料可以分为无极性电容和有极性电容。

（1）**无极性电容**（图 7-4）

图 7-4 各类无极性电容实物图

无极性电容元件的封装可以用 RAD0.1～RAD0.4，RAD 后面跟的小数表示本元件接脚的间距，这些间距单位为 mil，如图 7-5 所示。

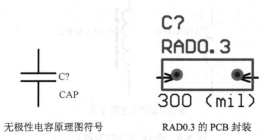

图 7-5 电容原理图符号和封装

(2) 有极性电容（图 7-6）

电解电容

图 7-6 电解电容实物图

有极性电容元件的封装可以用 RB.2/.4～RB.5/.10，RB 后面跟的小数分别表示本元件接脚的间距和外壳直径间距，这些间距单位也为 mil，如图 7-7 所示。

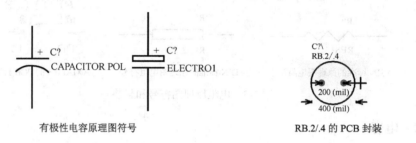

有极性电容原理图符号　　　　　　　　　　RB.2/.4 的 PCB 封装

图 7-7 电容原理图符号和封装

7.1.3 电感

电感是电路中最常用的元件，一般以 L 为符号，如图 7-8、图 7-9 所示。

电感　　　　　　　　　　　　　　色环电感

图 7-8 各类电感实物图

电感元件的封装可以用电阻的封装或者无极性电容的封装替代。

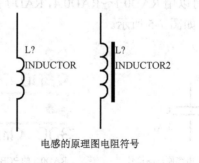

电感的原理图电阻符号

图 7-9 电感的原理图符号

7.1.4 可变电阻

可变电阻也是电路中的常用器件,如图 7-10 所示。

图 7-10 各类可变电阻实物图

可变电阻在 Protel Schematic 中的 Miscellaneous Devices.Ddb 库中,有 RES3、RES4、RESISTOR TAPPED、POT1、POT2,相应的 PCB 封装为 VR1～VR5。但使用时要小心,在原理图中的 RESISTOR TAPPED、POT1 和 POT2 元件中心抽头管脚定义为 3,与 PCB 封装的管脚不一致,需要修改管脚;而 RES3 和 RES4 元件使用的管脚定义为 1、2 和 PCB 封装的管脚可以吻合,但没有中间抽头用,如图 7-11 所示。

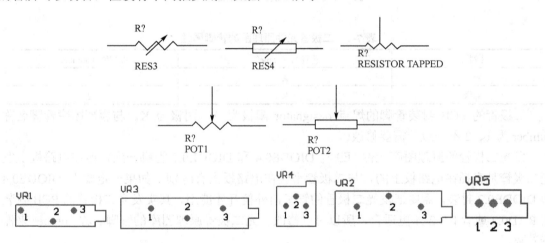

图 7-11 可变电阻原理图符号和封装

7.1.5 二极管

二极管是电路中的常用器件,一般以 D 为符号,按功能有整流二极管、稳压二极管、发光二极管等,如图 7-12 所示。

 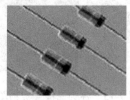 

整流二极管　　　　　稳压二极管　　　　　发光二极管

图 7-12 各类二极管实物图

二极管在 Protel Schematic 中的 Miscellaneous Devices.Ddb 库中，有 Diode、Diode Varactor、Diode Schottky、Diode Tunnel，相应的 PCB 封装为 DIODE0.4、DIODE0.7。如图 7-13 和图 7-14 所示，但原理图库的元件管脚和 PCB 封装的管脚不一致，需要修改管脚，见表 7-1。

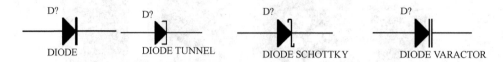

图 7-13　二极管原理图符号

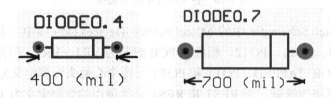

图 7-14　二极管的 PCB 封装符号

表 7-1　二极管元件原理图的管脚属性

极性	管脚名（name）	管脚位（number）
阳极	A	1
阴极	K	2

二极管的 PCB 封装管脚的焊点 designator 阳极为 A、阴极为 K。与原理图库管脚名称 number 为 1、2 不一致，需要修改。

发光二极管的原理图库元件 LED 与 DIODE0.4 和 DIODE0.7 管脚一致，但在电路板上发光二极管是直插在电路板上的，与二极管平躺在电路板上有区别，如果一定要用 DIODE0.4 和 DIODE0.7 封装，需要把发光二极管的管脚向外拉开才能用，其实发光二极管的 PCB 封装用 RAD0.2 或者 RB.2/.4 更适合，所以可以修改发光二极管原理图库的管脚名称 number 来保持一致。

7.1.6　三极管

三极管也是电路中的常用器件，按结构有 NPN 和 PNP 两种，如图 7-15 所示，其原理图如图 7-16 所示。

图 7-15　各类三极管实物图

三极管在 Protel Schematic 中的 Miscellaneous Devices.Ddb 库中，有 NPN、NPN1、PNP、PNP1，相应的 PCB 封装有 TO-18 及 TO-92A（普通三极管），TO-220（大功率三极管），TO-3

（大功率达林顿管），以上的封装为三角形结构。TO-126 为直线形，常用的 9013、9014 管脚排列是直线型的，所以一般三极管都采用 TO-126。但三极管使用时要注意，原理图库的元件管脚和 PCB 封装的管脚不一致，需要修改管脚，见表 7-2。

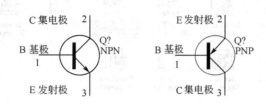

图 7-16 三极管原理图符号

表 7-2 三极管元件原理图的管脚属性

封装名称	TO-5	TO-92A
图示		
元件 PCB 焊点序号	3 2 1	1 2 3
实际元件管脚	C B E	C B E
元件原理图管脚名称 （以图 7-16 中 NPN 管为例）	E C B	B C E

类似的情况在 PNP 和 PNP1 三极管也有，对于 JFET 和 MOSFET 元件也是一样，所以使用时要注意原理图库管脚和 PCB 封装管脚一致。

三极管封装的具体修改方法可参考后面 7.5 节 PCB 元件封装的编辑中内容。

7.2 手工创建 PCB 元件封装

尽管 Protel PCB 中的元件库已经相当完善，但设计者还是常常会遇到新元件或非标准元件而在软件里找不到相应的元件库，所以就需要用户自己创建新元件的封装外形。

7.2.1 新建 PCB 元件外形封装库

① 打开或创建一个项目文件，执行【File】→【New Document】或者在数据库文件中点击鼠标右键，在弹出窗口选择 New，然后鼠标单击 PCB Library Document，就可打开，如图 7-17。

② 从对话框中选择 PCB 库文件图标 PCB Library Document，双击图标或者单击【OK】按钮，将新建一个默认文件名为"PCBlib1.Lib"PCB 元件库文件，双击文件名更改为便于记忆的名字，例如 7SEG_DPY，使设计者一看就知道是 7 段 LED 数码管。

电子 CAD——Protel 99SE

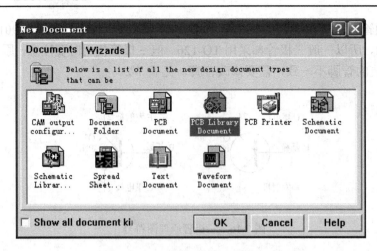

图 7-17 新建元件外形封装库程序

③ 双击 PCB 库文件名 7SEG_DPY，进入 PCB 元件库编辑器界面，如图 7-18 所示。

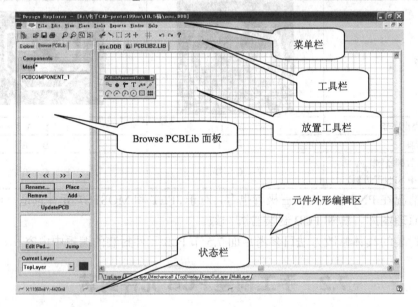

图 7-18 元件外形封装库程序

7.2.2 元件库编辑器简介

当用户启动元件库编辑器后，屏幕将出现 PCB 元件库编辑器界面。

PCB 元件库编辑器与原理图库编辑器界面相似，主要由元件管理器、菜单栏、主工具栏、常用工具栏、编辑区等组成。元件库编辑器中央也有个十字坐标轴，将元件编辑区划分为四个象限，象限的定义和数学上的定义相同。一般在第四象限中进行元件的编辑工作。

默认情况下有一个是 PCBLibPlacementTools（PCB 元件库放置工具栏）。

元件放置工具栏中各工具常用来绘制 PCB 元件库中元件的外形，以及放置相应的管脚。可以通过菜单命令【View】→【Toolbars】→【Placement Tools】打开或者关闭放置工具栏，放置工具栏的图标作用如表 7-3 所示。

表 7-3 放置工具功能

按钮	功能意义	按钮	功能意义
	放置直线		圆弧模式绘弧线
	放置焊点		圆心模式绘弧线
	放置导孔		任意角度绘弧线
	放置说明字符串		绘圆形
	放置坐标显示		放置填充区域
	放置尺寸线		数组式粘贴

7.2.3 设置绘图环境

目前电子元件的管脚排列以英制单位为主，以公制单位排列管脚的元件很少。例如最常见的 DIP 封装的集成电路，两个管脚的距离是 100mil，相当于公制的 2.54mm，所以要准确快速地绘制出高质量的 PCB 图，设置网格、捕获网格以及焊盘大小，都必须用英制。

下面列出公英制的长度单位换算：

1 foot（英尺）=12 inch（英寸）= 0.3047 metre（米）

1 inch（英寸）=1000mil（毫英寸）=25.4millimetre（毫米）

100mil（毫英寸）=2.54millimetre（毫米）

【操作技巧】在 Protel 度量尺寸的制式设置为公制，执行菜单命令【View】→【Toggle Units】公/英制转换，这条命令就可以转换公英制，也可以按键盘上的 Q 键快速转换。

在绘制 PCB 元件库时，首先要设置一下绘图环境，定义网格。在绘图区单击鼠标右键，选择【Options】→【Library Layers】，出现文档选项，如图 7-19，选中 Layers 页面 System 区中的 Visible Grid1，使其出现一个"√"，然后在下拉框中选择 100mil，然后点【OK】按钮确认。

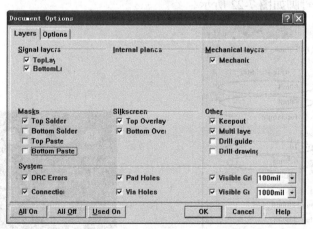

图 7-19 绘图环境栅格设置

7.2.4 制作 LED 数码管外形

（1）确定坐标零点

用 按钮或者 Pageup 键将绘图区拉至满意的程度，再使用【Edit】→【Jump】→

【Reference】功能，鼠标指针将自动跳到坐标（0，0）的位置。

　　【操作技巧】①可以通过快捷键 J+R 使鼠标移到坐标（0，0）位置。

　　②也可以采用【Edit】→【Set Reference】菜单来自己设定坐标（0，0）的位置。其中【Pin 1】表示以引脚 1 为坐标零点，【Center】表示以图形中心点为坐标零点，【Location】表示以自己任意确定的位置为坐标零点。

（2）绘制元件焊盘

　　根据实物的尺寸，如图 7-20 所示，数码管横向管脚间间距为 2.54mm 即 100mil，纵向管脚间间距为 15.24mm 即 600mil，管脚直径为 0.5mm。

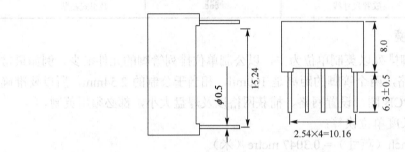

图 7-20　LED 数码管实物尺寸

　　然后使用【Place】→【Pad】选项或者单击工具栏的 ◉ 在（0，0）放置焊点。同样做法，在横坐标依次间隔 100mil 位置再放置焊点，共放置 10 个焊点。

　　根据数码管管脚的分布，在焊点上双击鼠标左键打开属性对话框，如图 7-21 所示。将 X-Size 和 Y-Size 设置为 60mil，将 Hole Size 设置为 0.5mm，Shape 下拉列表框切换为 Rectangle 选项，将 Designator 文本框设置为相应的管脚号。

　　依次定义数码管管脚如图 7-22 所示。

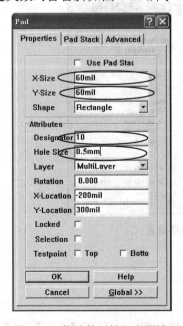

图 7-21　修改数码管焊点属性

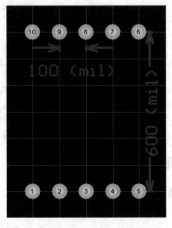

图 7-22　数码管管脚定义

【注意】此处管脚的 Designator 的值要与第 3 章原理图库符号中的 Number 相一致，否则，调用元件时会出现符号丢失。

（3）绘制数码管外形尺寸

在顶层覆盖板层（TopOverlay）上绘制外形。注意画外形线时，千万不要随意定义在任何布线板层上（会形成实体的铜膜走线），以免造成不必要的短路现象。由于默认的咬合间距为 20mil，不容易绘制出细致的外形线，可以单击工具栏的 ┼ ，打开如图 7-23 所示的 Snap Grid 对话框，将咬合格点改为 10mil。

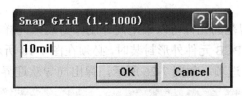

图 7-23 Snap Grid 对话框

使用【Place】→【Track】或者工具栏的 ≈ 按钮绘制数码管外形尺寸，12.7mm×19mm 的矩形边框。注意在作图环境为经典颜色 Classic colors 时绘制出的直线颜色应该是草绿色，在作图环境为默认颜色 Default colors 时绘制出的直线颜色应该是黄色，如图 7-24 所示。

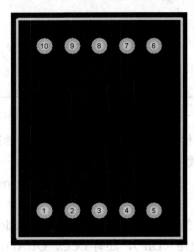

图 7-24 数码管 PCB 外形图

（4）修改数码管的名称

在 Browse PCBLib 选项卡的 Components 选项区域列表内点取 PCBCOMPONENT_1 选项，然后单击【Rename Component】按钮或者是【Tools】→【Rename Component】功能选项来打开图 7-25 所示的 Rename component 对话框，将新建元件名字改为 DPY_8_LED。

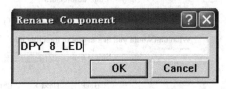

图 7-25 Rename Component 对话框

(5) 保存

完成后要及时保存文件，否则会影响后面的元件调用。

此外完成该元件封装的创建后,还可以在同一个封装库文件中继续创建其他多个元件。操作方法是【Tools】→【New Component】，新建另一个元件封装，之后的创建方法与上面相同。

7.3 利用向导创建 PCB 元件封装

对于外形和管脚排列规范的元件可以采用向导制作封装，同样以上面的数码管为例。

① 利用向导方法制作 PCB 元件外形封装时，必须在图 7-18 所示的基础上，执行【Tools】→【New Component】功能选项，如图 7-26 所示，弹出向导欢迎界面。

图 7-26　PCB 元件外形封装向导欢迎界面

② 选择封装种类和尺寸单位。单击【Next】按钮，弹出如图 7-27 所示的 PCB 元件种类选择对话框。在对话框中，根据数码管的外形和管脚排列选择一种相近的封装。如 Dual in-line Package（DIP）双列直插封装，在尺寸单位上选择 Metric（mm），即焊盘、管脚间距等参数使用公制 mm 为单位。

在向导中有较多的封装库类型，如常见的二极管（Diodes）、电阻（Resistors）、电容（Capacitors）、针插式的集成电路（DIP），还有 LCC、QUAD、SOP 等专用贴片元件封装。

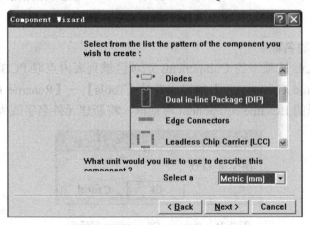

图 7-27　PCB 元件外形封装种类

③ 选择焊盘参数。单击【Next】按钮，弹出如图 7-28 所示的焊盘参数对话框。其中系统给出了默认参数，如果不符合要求可以根据实际需要设置。

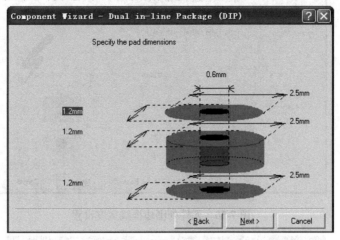

图 7-28　设置焊盘参数

④ 设置焊盘间距。根据前面管脚的距离参数设置焊盘间距。单击【Next】按钮弹出如图 7-29 所示的设置焊盘间距对话框，单击数值，设置管脚列间距为 2.54mm，行间距为 15.24mm。

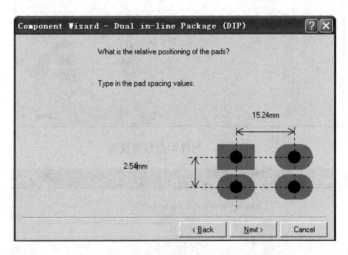

图 7-29　设置焊盘间距

⑤ 设置元件外围边框线宽度。单击【Next】按钮，弹出如图 7-30 所示的元件外围边框线宽度设置对话框。元件外围边框是指示元件外形所占的电路板面积，方便绘制电路板时元件布局，外围边框类似元件的俯视外形，一般线宽采用默认值。

⑥ 设置焊盘数量。单击【Next】按钮，弹出如图 7-31 所示对话框。此时可以基本看出元件封装的形状示意图，实际的封装可以修改，这里主要是设置焊盘数目。

⑦ 元件封装命名。单击【Next】按钮，弹出如图 7-32 所示对话框。封装名以字母和数字组成，一般避免和原封装库中已有的封装名重名，此处设置元件封装名为 DPY_7_LED。

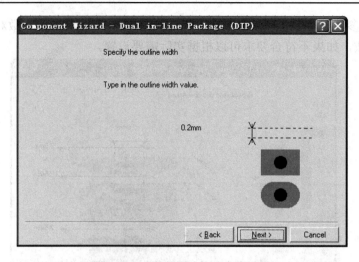

图 7-30 元件外围边框线宽度设置

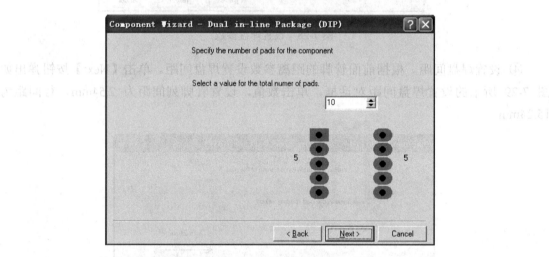

图 7-31 元件焊盘数量设置

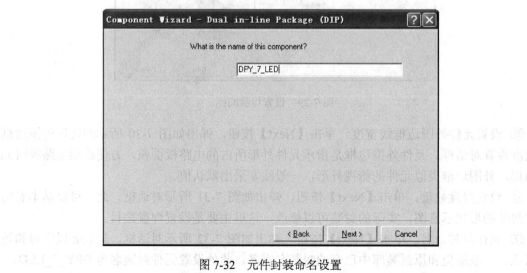

图 7-32 元件封装命名设置

⑧ 封装制作完成。当完成前面的操作后,单击【Next】按钮,弹出如图 7-33 所示

对话框,单击【Finish】按钮,将在元件绘制区域弹出图 7-34 所示初步完成的数码管元件封装。

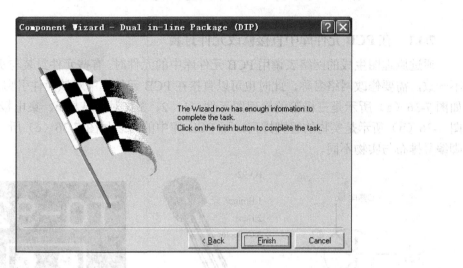

图 7-33 结束对话框

⑨ 旋转数码管封装方向。数码管一般竖直安装,所以要把初步完成的数码管封装逆时针旋转 90°。首先全部选取封装(选中后元件封装变黄显示),选中元件并按住鼠标左键不放,按下空格键即可。

⑩ 修改元件外围边框。首先,单击主工具栏 按钮,取消选中状态,然后点击主工具栏 按钮,设置为 10mil。执行【Edit】→【Delete】命令,删除原外围边框。在 TopOverlay 上,使用放置工具栏的绘制导线工具 ,手工绘制边框,如图 7-35 所示。

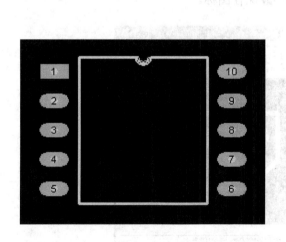

图 7-34 初步完成的数码管封装

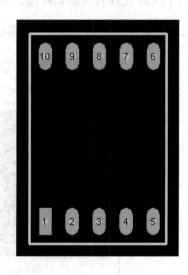

图 7-35 完成的数码管外形封装

7.4 PCB 元件封装的编辑

7.4.1 在 PCB 元件库中直接修改元件封装

通过原理图生成的网络表调用 PCB 元件库中的元件时，有些元件封装与实际的元件引脚不一致，需要修改网络名称，此时也可以直接在 PCB 元件库中对该元件引脚进行编辑修改。如图 7-36（a）所示是三极管的原理图元件，1、2、3 脚对应基极 b、集电极 c、发射极 e。图 7-36（b）所示是实物的管脚排列，而 PCB 库中的封装如图 7-36（c）所示，它们之间引脚编号排布与实物不同。

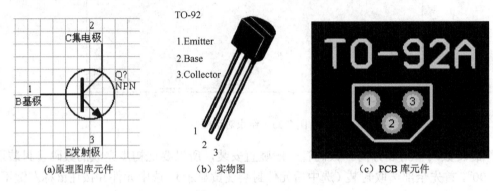

图 7-36 三极管图

可以在图 6-15 的 PCB 编辑界面中单击左边的 PCB 编辑器，选择 Libraries，进入 PCB 库。在下方的 components 栏中，选中需要修改的 TO-92A 封装元件。单击【Edit..】按钮进入如图 7-37 所示的 PCB 元件封装编辑环境，双击元件封装的焊盘，在 Designator 选项中修改，把原来的 1、2、3 编号改为 2、1、3，完成后点击 🖫 保存图标。

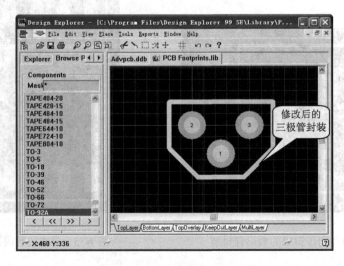

图 7-37 PCB 元件封装编辑环境

【注意】此种修改方法要在网络表导入 PCB 文件前完成。当然，如果在网络表导入后才发现元件管脚和实物不一致时，也可以采用在 PCB 编辑环境直接点击元件的焊盘来修改封装，但要注意此时不是修改 Designator 选项，而是点击焊盘的【Advanced】→【Net】选项，在 net 中选择相应的网络名称，从而改变管脚的连接。

7.4.2 复制、编辑 PCB 元件封装

有时候可能会遇到这种情况，Protel 99SE 中存在该类型的 PCB 元件封装，但是与实际需要的符号之间还是有一定的差异。如果按照前面讲述的 PCB 元件封装的绘制一步一步来绘制的话可能耗费很多的时间，如果采用直接在元件库中对元件进行修改，修改后必须要保存才能使用，这样可能会破坏 Protel 99SE 原有的元件库，导致下次需要使用未编辑前的该元件封装而不能使用。所以，可以采用先将 PCB 元件封装复制粘贴，再进行修改，相当于自己创建了一个新元件。

自定义制作的 PCB 元件封装库在使用时，需要在 PCB 编辑状态从 Libraries（库）加载，具体操作见第 6 章 6.5.1 装卸元件封装库。

7.5 上机实训 制作变压器 PCB 元件封装

（1）上机任务

制作如图 7-38 所示的北京新创四方电子有限公司的"银天使"S 系列印刷线路板焊接式电源变压器。

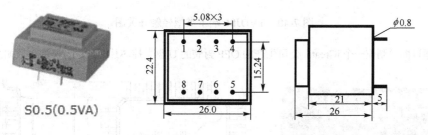

图 7-38 "银天使"电源变压器外形

（2）任务分析

根据实物的尺寸绘制 PCB 外形封装图，在 MultiLayer 层设置焊点，在 TopOverlay 层绘制实物外形尺寸。

（3）操作步骤和提示

① 设置合理的绘图环境。

② 根据实物尺寸绘制焊点，并设置焊点尺寸和管脚名。

③ 绘制实物尺寸。

④ 保存 PCB 外形封装图库。

【操作技巧】变压器焊点的放置可以通过快捷键 J+L 定位。

（4）完成效果。

如图 7-39 所示。

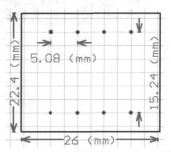

图 7-39 印刷线路板焊接式电源变压器 PCB 实物封装库参考效果图

本章小结

本章讲解数码管 PCB 实物封装库的绘制全过程,重点介绍了焊点的设置和实物尺寸线框的绘制,本章是对前面章节 PCB 板制作内容的补充。

习　题

7-1　请举出常用的元件封装有哪些,使用时需要注意些什么?

7-2　请阐述绘制元件封装时需要注意哪些事项。

7-3　制作一个单片机实验板常用的轻触开关,器件参数如图 7-40 所示。

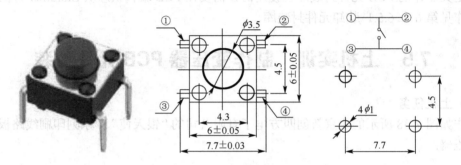

图 7-40　TVDJ06 端子类型轻触开关图

7-4　通过向导制作一个 iCreate 公司生产的 QFP 封装的 U 盘主控芯片 i5128-L,器件参数如图 7-41 所示。

 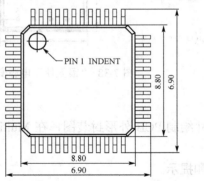 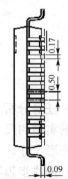

图 7-41　i5128-L 芯片图

第8章 门禁自动控制电路 PCB 双面板的绘制

在电工电子类"电子产品装配与调试"、"电子产品设计与制作"技能大赛项目中,都有对电子 CAD 绘图能力考核的具体内容。学生在校学习时或许能够循规蹈矩地完成课本里的练习,但是一旦与实际结合,则与企业的需求就有一定的差距了。从竞赛结果看,也是如此,部分选手虽然能按要求绘制出原理图,却未能绘制出 PCB 图,即使能绘制出 PCB 图,但效果也不好。主要原因在于选手们在训练过程中比较注重熟练使用软件,而缺少了培养结合生产实际灵活使用该软件来设计 PCB 图的能力。

基于以上情况,大赛命题抛弃了以往大量的按部就班的绘图,而是简单地根据实际电路图和给出的元器件,要求画出 PCB 图。很明显,这就需要选手有更好的综合能力才能画出 PCB 图。

【本章学习目标】

本章以全国职业院校技能大赛电子产品装配与调试项目中采用的亚龙公司训练板为例,结合比赛中对绘图的要求,讲述以贴片元件为主的 PCB 双面板绘制过程,以达到以下学习目标。如图 8-1、图 8-2 所示。

◇ 掌握手工布线绘制 PCB 双面板的方法。
◇ 掌握以贴片元件为主的 PCB 板布线的方法与特点。
◇ 掌握在 PCB 板上设置安装孔的方法。
◇ 掌握在 PCB 板上设置敷铜和泪滴的方法。
◇ 理解多层 PCB 板的板层设置。

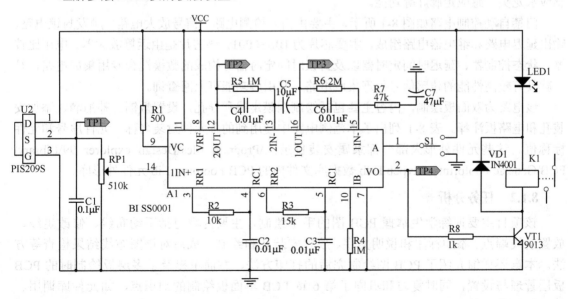

图 8-1 门禁自动控制电路原理图

电子 CAD——Protel 99SE

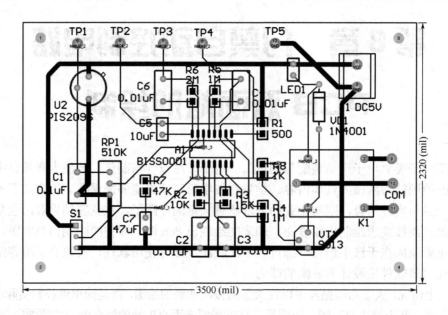

图 8-2 门禁自动控制电路 PCB 双面板图

8.1 电路及任务分析

8.1.1 电路分析

本任务是门禁自动控制电路的绘制。在超级市场、公共建筑、银行等入口，经常使用自动门控制系统。在系统控制下，当有人体靠近自动门（有效距离可达 8m），门便会自动打开，人进入房间后门又会自动关闭。利用本电路的开关信号还可以实现红外探测、红外感应开关、感应水龙头、感应走廊灯等功能。

门禁自动控制电路如图 8-1 所示，主要由信号检测电路、信号放大电路、触发封锁电路、输出延迟电路和继电器电路组成。主要芯片为 BISS0001，该芯片是由运算放大器、电压比较器、状态控制器、延迟时间定时器以及封锁时间定时器等构成的数模混合专用集成电路，是一款具有较高性能的传感信号处理集成电路，其引脚功能可上网查询。

该电路为双面板绘制，内容主要包括绘制铜膜走线和导孔，设置敷铜、补泪滴、添加安装孔和电路板注释。表 8-1 列出了本范例电路中使用到的各元件封装名称、元件序号和元件标称值。这些元件外形大部分都隶属安装目录：\Program files\Design explorer 99\Library\PCB\Generic Footprints\Advpcb.Ddb 数据库文件内的 PCB Footprint.Lib 元件外形库。

8.1.2 任务分析

该项目主要训练学生掌握 PCB 图的手工绘制，主要内容包括手动布线、修改走线、放置引线端点、添加标注和说明文字、放置安装孔和绘制完成后对该图布线结果检查等方法。本章还详细介绍了 PCB 图绘制完后的打印方法，并简单提及了多层板绘制时的 PCB 板层管理与设置，同时复习和巩固了第 6 章 PCB 单面板绘制的知识点，如元件库调用、设计规则设置等。

表 8-1 门禁自动控制电路各元件列表

序号	元件序号	名称	元件标称值	元件封装
1	C1	电解电容	0.1μF	RAD0.1
2	C2	电容	0.01μF	RAD0.2
3	C3	电容	0.01μF	RAD0.2
4	C4	电容	0.01μF	RAD0.2
5	C5	电解电容	10μF	RAD0.1
6	C6	电容	0.01μF	RAD0.2
7	C7	电解电容	47μF	RAD0.1
8	R1	电阻*	500	0805
9	R2	电阻*	10k	0805
10	R3	电阻*	15k	0805
11	R4	电阻*	1M	0805
12	R5	电阻*	1M	0805
13	R6	电阻*	2M	0805
14	R7	电阻*	47k	0805
15	R8	电阻*	1k	0805
16	U1	集成块*	BISS0001	SOJ-16
17	U2	人体探头	PIS209S	TO-5
18	S1	跳线插针	CON2	SIP3
19	LED1	发光二极管	IN4001	RAD0.1
20	J1	扣线插座	DC5V	自己创建
21	VD1	二极管	VD1	DIODE0.4
22	K1	继电器	K1	自己创建
23	VT1	三极管	9013	TO-92A（需修改原封装）
24	TP1	测试杆		
25	TP2	测试杆		
26	TP3	测试杆		
27	TP4	测试杆		
28	TP5	测试杆		
29	RP1	电位器	510k	VR5（需修改原封装）

注：打*的元件为贴片元件

8.2 布线原则

印刷电路板设计被认为是一种"艺术工作"，这是因为设计的电路板是通过在空白的胶片上涂上一些导电物质来实现的，这些胶片是用来生产电路板的，类似于印刷工业中一个装印杂志的"艺术工作"的过程。

"艺术工作"这个名字，不单是由设计制作过程而得名，更重要的是一个出色的 PCB 设计具有艺术元素。布线良好的电路板上具备元器件引脚间简洁流畅的走线、有序活泼的绕过障碍器件和跨越板层。一个优秀的布线要求设计者具有良好的三维空间处理技巧、连贯和系统的走线处理以及对布线和质量的感知能力。

布线的主要目的是根据电路板的设计要求创建好网络的实体连通性。布线是印刷电路板设计过程中的关键环节，不良的布线可能会严重降低电路系统的抗干扰性能，甚至影响其正常工作。因此，布线对设计者要求较高，除了能熟练使用软件，还需要牢记一些布线规则。

1）元器件的布局要求

有人说 PCB 设计 90%是元器件的布局，10%是布线。也许读者对两者的百分比持不同意见，但良好的布局无疑是 PCB 设计的关键。设计者应该在布线前调整好元器件布局，在元器件稠密的地方，可以不断调整布局的时候运行软件中的自动布线工具，用来比较不同布局下的布线效果，从而得到最佳的元器件布局。另外，布局时要考虑以下电子工艺方面的要求。

① 板面元器件分布应尽可能均匀（热均匀和空间均匀）。

② 元器件应尽可能同一方向排列，以便减少焊接不良的现象。

③ PLCC、SOIC、QFP 等大器件周围要留有一定的维修、测试空间。

④ 功率元器件不宜集中，要分开排布在 PCB 边缘或通风、散热良好的位置，并远离其他元器件，保证散热通道通畅。

⑤ 贵重元器件不要放在 PCB 边缘、角落或靠近插件、贴装孔、槽、拼板切割、豁口等高应力集中区，以减少开裂或裂纹。

⑥ 元器件布局应考虑对周围零件热辐射的影响，对热敏感的部件、元器件（含半导体器件）应远离热源或将其隔离。

⑦ 电容器（液态介质）最好远离热源。

⑧ 小信号放大器外围元器件尽量采用温漂小的器件。

⑨ 发热元件应尽可能置于产品上方，条件允许时应置于气流通道上。

2）PCB 板的布线要求

（1）安全间距原则

要保证两网络走线最小间距能承受所加电压的峰值，防止电路板出现打火击穿，甚至发生火灾，特别是高压线应圆滑，不能有尖锐倒角。元器件间的最小间距应大于 0.5mm，避免温度补偿不够。

（2）安全载流原则

导线宽度应能够承载电流的峰值，并留有一定的余量。导线的载流能力取决于以下原因：线宽、线厚（铜膜厚度）、容许温升等，表 8-2 给出了铜膜导线的宽度和导线电流关系（军品标准）。

表 8-2 铜膜导线最大允许工作电流（导线厚 50μm，允许温升为 10℃）

导线宽度/mil	导线电流/A	导线宽度/mil	导线电流/A
10	1	50	2.6
15	1.2	75	3.5
20	1.3	100	4.2
25	1.7	200	7.0
30	1.9	250	8.3

相关的计算公式为：$I = KT^{0.44} A^{0.75}$

式中，K 为修正系数，一般覆铜线在内层时取 0.024，在外层时选 0.048；T 为最大温升，单位为 ℃；A 为覆铜线截面积，单位为 mil；I 为容许的最大电流，单位为 A。

（3）导线精简原则

在满足安全原则的前提下，导线要精简，尽可能短，尽量少拐弯，特别是场效应管栅极、晶体管基极、时钟信号等小信号导线。当然为了达到阻抗匹配而需要进行特殊延长的例外，如蛇形走线。

（4）电磁抗干扰原则

电磁抗干扰原则涉及内容较多，主要包含以下几点。

① 导线拐角。导线转折点内角不能小于 90°，一般选择 135°或圆角。因为小于 135°的

转角，会使导线总长度增加，不利于减小导线的寄生电阻和寄生电感，特别在高频电路中，尖角的拐弯会影响电气性能。导线与焊盘、过孔的连接处要圆滑，避免出现小尖角。因为由于工艺原因，在导线的小尖角处，导线的有效宽度减小，电阻会增大。

② 布线方向。在双面板、多面板中，上下两层信号线的走线方向要尽量垂直或者斜交叉，尽量避免平行走线，减小寄生耦合。对于数字、模拟混合系统来说，模拟信号走线和数字信号走线尽量位于不同层面或同一层面的不同区域，而且走线方向垂直，以减小互相间的信号耦合。

③ 就近接地和隔离。为提高抗干扰能力，小信号线和模拟信号线应尽量靠近地线，远离大电流和电源线；数字信号容易干扰小信号，也容易被大电流信号干扰，布线时必须认真处理好数据总线的走线，必要时可以加电磁屏蔽罩或屏蔽板。时钟信号管脚最容易产生电磁辐射，所以走线时，应尽量靠近地线，并设法减小回路长度，并尽量避免在时钟电路下方走线；在单片机电路板的数据总线间，可以添加信号地线，来实现彼此的隔离；数字电路、模拟电路以及大电流电路的电源线、地线必须分开走线，最后再接到系统电源线或地线上，形成单点接地形式。

④ 美观、经济原则。电路板设计者要充分利用电路板空间，均匀分布走线密度，力求走线美观精简。对于经济原则要求设计者对组装工艺有一定了解，如 5mil 走线比 8mil 走线难腐蚀，所以加工价格贵，过孔越小价格也越贵。

8.3 手工规划电路板与元件布局

在第 6 章已经介绍了采用 PCB 向导规划电路板，本章中主要介绍手工规划电路板。

（1）**选择布线模式**

根据第 6 章方法首先创建新的 PCB 文件，进入图 6-15 的 PCB 编辑界面，选用放置工具栏的布线工具绘制电路板框。

Protel PCB 有两种布线工具，一种是单纯布线模式（Place Line），另外一种是交互式布线模式（Interactive Routing）。

① 单纯布线模式。如果使用工具栏的 按钮或是【Place】→【Line】功能选项就会将编辑模式切换到单纯布线模式，此时鼠标指针形状由空心箭头变成大十字。这时单击布线的一端就会出现一条随鼠标指针移动的导引线。

在绘制过程中按键盘上的 Tab 键，将会打开如图 8-3 所示的 Line Constraints 对话框，在 Line Width 对话框可以设置本条铜膜布线的宽度，从 Current Layer 下拉框可以选择走线的工作板层。

② 交互式布线模式。如果使用工具栏的 按钮或选择【Place】→【Interactive Routing】功能选项就会将编辑模式切换到交互式布线模式。

【注意】在纯手工布线模式（即元器件各焊点间无预拉线时），交互式布线与单纯布线模式一样；但在元器件各焊点间网络连接已经定义，有预拉线时，只能采用交互式布线，而不可以采用单纯布线模式来绘制铜膜布线，否则会造成 DRC 错误。

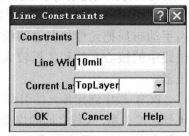

图 8-3 Line Constraints 对话框

（2）设置相对原点并绘制矩形框

① 单击布置工具栏上的放置相对原点 ⊠ 按钮或选择【Edit】→【Origin】→【Set】功能选项，在 PCB 工作区域的任意一个栅格上设置相对原点。

② 单击左键在板层区域选择 KeepOutLayer 禁止布线层，如图 8-4 所示。

图 8-4　选择布线层

③ 单击左键选用交互式布线模式 按钮，从刚才设置的相对原点（0，0）开始绘制（3500，0）、（3500，2320）、（0，2320）、（0，0）的矩形板框，如图 8-5 所示。

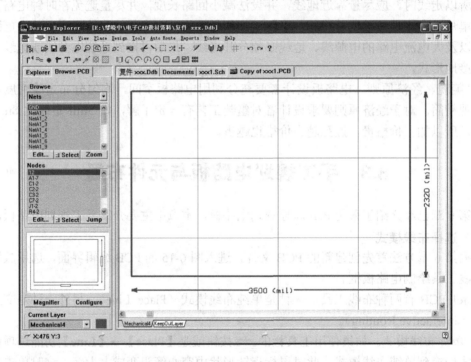

图 8-5　绘制电路板板框

【操作技巧】在画线时可以同时按住 J+O 的快捷键可以跳转到相对原点的位置，按住 J+L 的快捷键输入相应坐标点可以跳转到所要画线的位置。

（3）导入网络表与手工元件布局

采用第 6 章所述的导入网络表方法，将该原理图的网络表导入到 PCB 图中，并采用手动布局把元件放在电路板中合适的位置，如图 8-6 所示。手工布局时一般优先考虑电路中的核心元件和体积较大的元件，如本例中的传感器信号处理芯片 BISS0001 和继电器。

PCB 板中连接各元件引脚之间的细线称为网络线或"飞线"，表示封装元件焊盘之间的电气连接关系，飞线之间的焊盘在布线时将由铜箔导线连通，它和原理图中引脚之间的连线、网络表中的连接网络相对应，如图 8-6 所示。

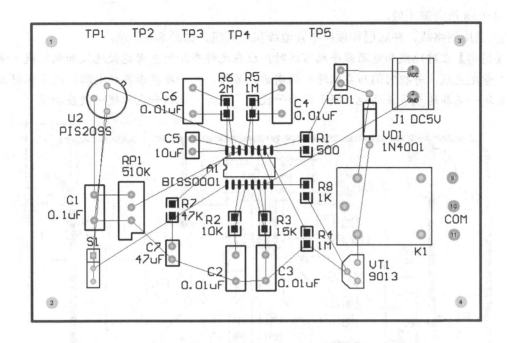

图 8-6　手工布局版面

8.4　手工布线

8.4.1　手工布线

本电路板为双面板，可以在顶层和底层两个导电层布线。一般底层和顶层的走线方向最好互相垂直，这样一方面方便了布线，另一方面减少了平行导线间的串扰耦合。

① 借用网络线，以传感器信号处理芯片 BISS0001 为中心，对与 BISS0001 相连的元件进行信号线的布线，如图 8-7 所示。

【说明】首先对与 BISS0001 相连的元件进行布线的原因在于电路中 BISS0001 周边元件最多，相应的导线也最多，所以布线最复杂，因此先对其布线。这样可以给以后的布线带来很大的方便。

进行铜膜布线的编辑时，可以使用小键盘上右边的*键切换工作板层，Protel PCB 会自动在走线板层切换处放置导孔，走线颜色也会自动随板层颜色切换。但要注意，只能使用小键盘的*键，

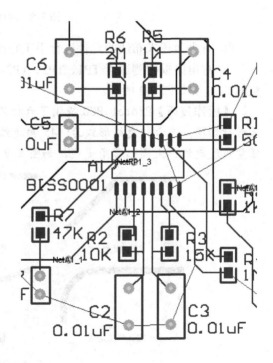

图 8-7　信号线连接图

使用 Shift+8 组合键无效。

② 借用网络线，在底层和顶层布置地线和电源线，如图 8-8 所示。

【说明】在对地线和电源线手动布线时，应在元件布局时就考虑使地线和电源线尽量简短、尽量走直线，并把它们布在电路板的周边。另外，对一些要求高的电路，还要根据工艺要求实现一点共地或多点共地，减小信号干扰等。此外，地线和电源线一般应加宽。

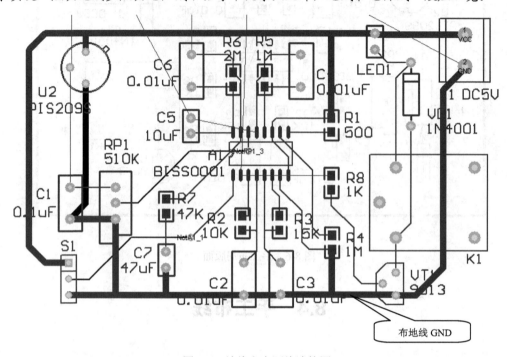

图 8-8 地线和电源线连接图

③ 对少数还未布线的元件进行手工布线。

④ 对电路板的测试点 TP1、TP2、TP3、TP4、TP5 和继电器的外接点进行手工布线，完整的 PCB 图如图 8-2 所示。

【操作技巧】Protel PCB 提供了六种不同走线形式，可以使用 Shift+Spacebar 组合键来进行切换。这六种走线形式为：45°角走线、平滑圆弧走线、90°角走线、小圆弧弯角走线、任意角度走线、大圆弧弯角走线，如图 8-9 所示。

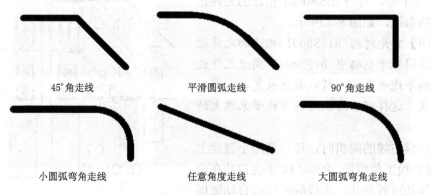

图 8-9 铜膜走线形式

8.4.2 删除或拆除排线

布线完毕后，如果对于某条走线结果不十分满意，可以执行【Edit】→【Delete】菜单命令，出现十字形光标，将其对准要删除的导线，单击鼠标左键就可删除该导线，如图 8-10 所示，导线删除后焊点间会恢复到预拉线的形式。

如果对于某些走线结果不十分满意，可以先将它们拆线后再重新布线。拆线命令在【Tool】→【Un-Route】功能选项的各级选项中，如图 8-11 所示，各级子菜单命令含义如下。

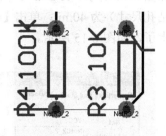

图 8-10　删除原导线

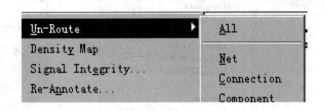

图 8-11　拆除布线命令菜单

【All】拆除掉电路板文件中所有的网络走线。
【Net】单击某条网络走线会将整条网络走线都拆除。
【Connection】单击某条网络走线段落会将该走线段落拆除。
【Component】单击某个元件外形会将与该元件外形所有相连的网络走线都拆除掉。
【注意】如果待拆除的网络走线中有进入锁定状态的走线，将会出现如图 8-12 所示 Confirm 对话框要求确认是否要将锁定的网络走线也一并拆除，单击【Yes】按钮将会拆除锁定的走线，单击【No】按钮将保持锁定的走线不拆除。

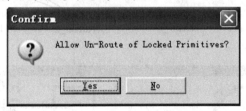

图 8-12　Confirm 对话框

8.4.3 加入引线端点

完成布线后的 PCB 板，有时为了便于电器的金属外壳接地，或给电路板提供电源以及输入/输出信号测试端口，往往需要放置额外的焊盘。

（1）放置新焊盘

在 PCB 板上，使用放置工具的放置焊盘工具 ⊙ 或选择【Place】→【Pad】功能选项，在设定位置放置焊盘。

（2）修改焊盘网络属性

为了连接到网络，双击新放置的焊盘，弹出焊盘属性，如图 8-13 所示。在焊盘的【Advanced】→【Net】选项中，选择准备连接的网络名称为 VCC，并修改焊盘的尺寸参数，如图 8-14 所示。X-Size（焊盘宽度）和 Y-Size（焊盘高度）设置为 100mil，Hole Size（焊盘钻孔尺寸）为 40mil，单击【Ok】按钮，可以看见新放置的焊盘已经有飞线连接到 VCC 网络上了，如图 8-15 所示。

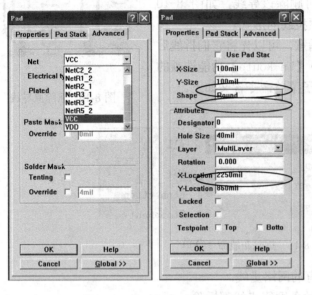
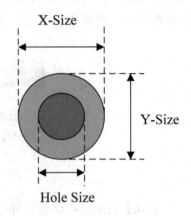

图 8-13　修改焊盘网络属性　　　　　　　　图 8-14　修改焊盘尺寸属性

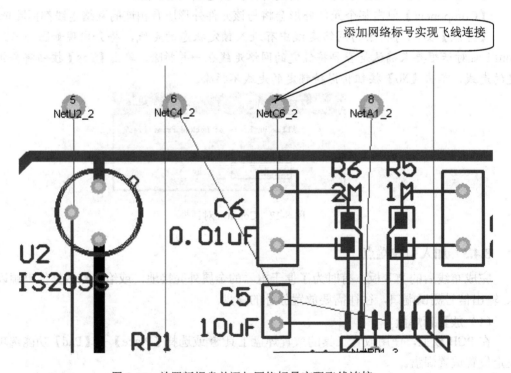

图 8-15　放置新焊盘并添加网络标号实现飞线连接

第 8 章 门禁自动控制电路 PCB 双面板的绘制

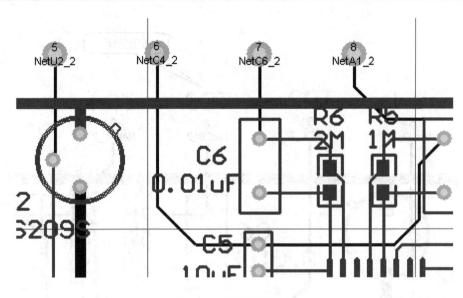

图 8-16 连接好的焊盘

（3）连接焊盘

通过以前手工布线的方法连接新添加的焊盘，添加各引线端点连接后的最后效果如图 8-16 所示。

8.5 添加标注和说明文字

在电路板中，常常要使用一些说明文字适当标出电路板的功能等信息。一般来讲，此类信息放置在 PCB 的第 4 个机构层（Mechanical4）上，或者标在丝印层（silksreen）的 TopOverlay 层上，绢印成电路板的说明文字；如果标在信号层上，信息字符会成铜膜走线，此时要注意是否和其他铜膜走线短路。

放置电路板的说明字符时可以使用工具栏的 T 按钮或选择【Place】→【String】功能选项，此时鼠标的箭头光标旁会多出一个十字附加的字符串，单击字符串放置的位置，电路板文件编辑区内就会出现一个字符串。如果在放置字符串操作前按 Tab 键会出现字符串的对话框，如图 8-17 所示。

String 对话框可以设置显示在电路板上的说明字符串，但只能一行，在此处输入要标注的文字，如 GND、VCC 等。其余的属性为 Height（高度）、Width（宽度）、Font（文字字体）、Layer（文字所在板层）、Rotation（字符旋转角度）、X-Location（字符横轴坐标）、Y-Location（字符纵轴坐标）、Mirror(镜像)、Locked（锁定）、Selection（选择）。

在相应的焊盘旁，输入对应的文字标注，如图 8-18

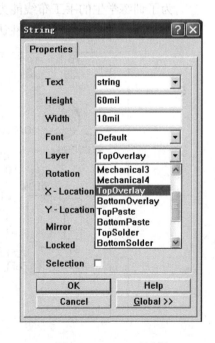

图 8-17 String 对话框

所示。

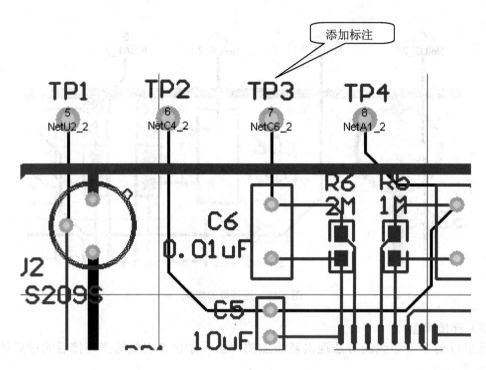

图 8-18 文字标注的测试点焊盘

8.6 手工布线训练参考图

为了训练学生的手工布线能力,可以指导学生按照图 8-19～图 8-21 所示来手工完成 PCB 布线,从而对手工布线产生感性认识,并实现入门锻炼。

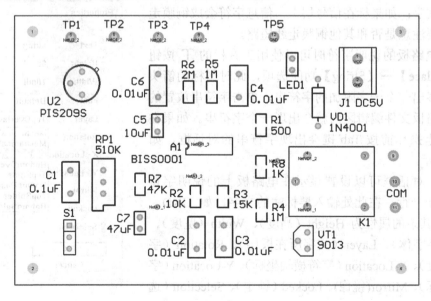

图 8-19 元件布局图

第 8 章 门禁自动控制电路 PCB 双面板的绘制

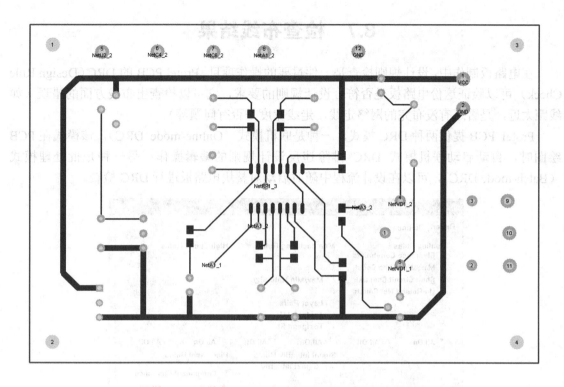

图 8-20 PCB 板顶层手工布线图

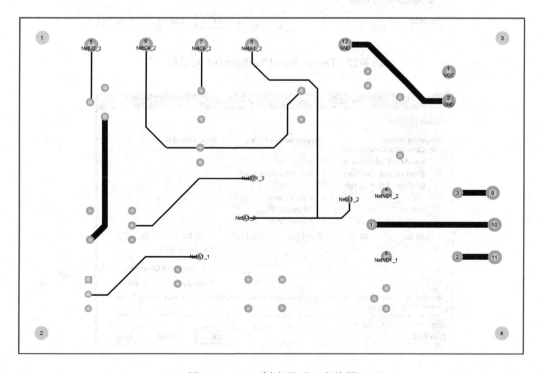

图 8-21 PCB 板底层手工布线图

8.7 检查布线结果

在电路板制作中,设计规则检查是一件重要的操作项目。Protel PCB 的 DRC(Design Rule Check)可以验证这份电路板是否符合设计规则的要求,它可以检查出布线方面的错误(如线距太近,是否还有没布完的网络走线,走线宽度是否有问题等)。

Protel PCB 提供两种 DRC 模式,一种是联机模式(Online-mode DRC),该模式在 PCB 绘图时,自动启动联机模式 DRC 排除违反设计规则的编辑操作;另一种是批处理模式(Batch-mode DRC),可以在设计流程中随时启动对整块电路板进行 DRC 检查。

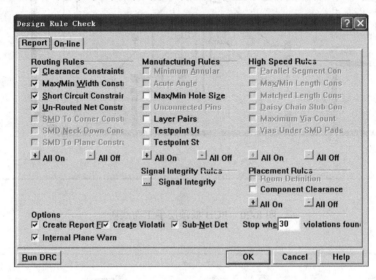

图 8-22 Design Rule Check|Report 对话框

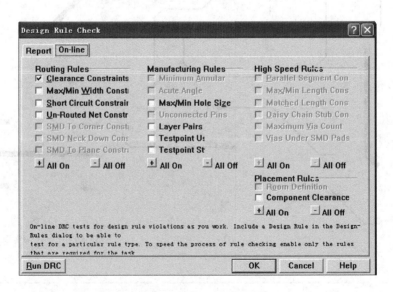

图 8-23 Design Rule Check|On-line 对话框

在 PCB 编辑环境中,使用【Tools】→【Design Rule Check】功能选项,共有 Report

和 On-line 两个选项。Report 选项如图 8-22 所示。On-line 选项的选项内容要比 Report 的内容少一点,为联机模式 DRC 的检查项目。如图 8-23 所示。

对本例直接点击【Run DRC】按钮启动批处理 DRC。检查完毕自动创建一个扩展名为.drc 的文件,检查结果如图 8-24 所示。

文件的内容将各单项的 DRC 检查内容结果罗列,文件最后一项 Violations Detected: 0 消息告诉我们这张电路板设计结果符合设计规则,没有错误。

```
Protel Design System Design Rule Check
PCB File   : osc\PCB1.PCB
Date       : 19-Aug-2008
Time       : 22:46:53

Processing Rule : Broken-Net Constraint ( (On the board ) )
Rule Violations :0

Processing Rule : Short-Circuit Constraint (Allowed=Not Allowed) (On the board ),(On the board )
Rule Violations :0

Processing Rule : Broken-Net Constraint ( (On the board ) )
Rule Violations :0

Processing Rule : Short-Circuit Constraint (Allowed=Not Allowed) (On the board ),(On the board )
Rule Violations :0

Processing Rule : Width Constraint (Min=20mil) (Max=20mil) (Prefered=20mil) (Is on net GND )
Rule Violations :0

Processing Rule : Clearance Constraint (Gap=13mil) (On the board ),(On the board )
Rule Violations :0

Violations Detected : 0
Time Elapsed        : 00:00:00
```

图 8-24 DRC 文件内容

8.8 添加安装孔

大部分场合电路板设计好后需要使用螺丝固定在产品上,所以电路板上需要标出安装孔的位置,以便于后期钻孔操作。

Protel PCB 没有专门的安装孔绘制工具和选项,不过可以利用圆形走线、导孔和焊盘。

① 使用圆形走线可以在电路板的机构层或禁止板层绘制圆圈。但比较麻烦,圆圈的半径大小比较难控制。

② 使用焊盘来绘制安装孔。只要根据钻孔孔径,将焊点的 X-Size、Y-Size 和 Hole Size 属性都设置为安装孔的尺寸,这就简单多了。另外对于焊点将其 Pad 属性对话框中 Advanced 选项内的 Plated 属性取消选取,以避免安装孔的电镀,节约制版成本。如图 8-25 所示。

③ 使用导孔来绘制安装孔。将导孔的 Diameter 与 Hole Size 复选框都设置为安装孔的尺寸。

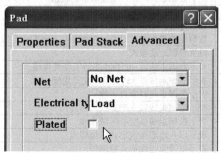

图 8-25 焊点电镀孔取消

8.9 敷铜和补泪滴

8.9.1 敷铜

(1) 添加敷铜

为了隔绝噪声信号,可以在电路板的空白部分(没有铜膜走线、焊盘或导孔的部分)布满铜膜,这就是敷铜。通常敷铜走线与地线相连。

进行敷铜时,可以使用工具栏的 或者选择【Place】→【Polygon Plane】选项出现如图 8-26 的敷铜设置对话框,具体内容见表 8-3。

图 8-26 polygon plane 敷铜对话框

表 8-3 敷铜对话框菜单介绍

菜单项	描述
Net Options	设置敷铜走线与网络之间的关系
Connect to Net	设置敷铜走线与网络的关系,默认为 no net,敷铜走线不与任何网络连接,一般来说,为了降低铜膜走线间的噪声干扰,通常把敷铜走线与地线(GND)网络相连
Pour Over Same Net	遇到敷铜走线连接该网络时就直接覆盖过去
Remove Dead Copper	如果有死铜时,将其删除
Plane Setting	设置敷铜走线的格点间距以及要进行敷铜的板层
Grid Size	设置敷铜走线的格点间距
Track Width	设置敷铜走线的线宽。如果设置的值比 grid size 小,将显示网格状敷铜;如果设置的值比 grid size 大,将显示铺满铜的状态
Layer	设置敷铜的板层
Lock Primitives	如果选取,则整个敷铜走线视为整体,无法修改个别敷铜走线;如果取消选取,则个别敷铜走线视为独立对象,但容易与其他网络走线造成短路
Hatching Style	设置敷铜走线模式
90-Degree Hatch	表示敷铜走线以 90°角水平垂直交叉走线
45-Degree Hatch	表示敷铜走线以 45°角斜角交叉走线
Vertical Hatch	表示敷铜走线以垂直走线
Horizontal Hatch	表示敷铜走线以水平走线
No Hatch	表示敷铜走线以空心区域走线
Surround Pads With|Octagons	表示以八边形走线形式围绕焊点
Surround Pads With|Arcs	表示以圆弧走线形式围绕焊
Minimum Primitives Size|Length	设置敷铜多边形内最短的走线长度

从实际敷铜效果来看，90°交叉填充和45°交叉填充的效果最好，但是产生的PCB文件太大，垂直填充和水平填充产生的PCB文件不大，有时却会有铺铜铺漏的情况。

在敷铜模式下，在电路板四周绘制一个封闭的矩形，得到敷铜效果如图8-27所示。

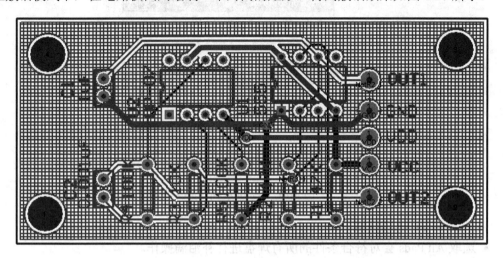

图 8-27　敷铜效果图

（2）删除敷铜

如果需要删除敷铜可以执行菜单命令【Edit】→【Delete】，也可以执行快捷键 E+D（依次按键盘上的 E 键和 D 键），然后用鼠标点没有元件的敷铜部分，敷铜即可删除。

如果需要对敷铜设置进行修改，可以用鼠标双击敷铜没有元件的部分，弹出敷铜设置对话框，重新设置之后点【OK】按钮确认，弹出是否重新敷铜对话框，点【Yes】按钮，就可以修改敷铜。

8.9.2　泪滴

补泪滴是在铜膜走线与焊盘（或导孔）交接的位置特别将铜线走线逐步加宽，如图8-28所示。

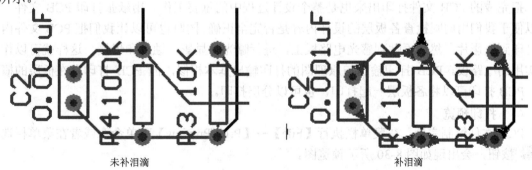

未补泪滴　　　　　　　　　　　　　　补泪滴

图 8-28　补泪滴

焊盘和导孔在钻孔后会因钻针的压力与铜膜走线之间断线，所以通过加宽铜膜走线来避免这个问题。焊盘、导孔与铜膜走线的连接面要比较平滑，避免残留化学剂而腐蚀铜膜走线。

使用补泪滴，首先使用【Edit】→【Select】→【Net】功能选项选择需要补泪滴的网络走线，然后选择【Tools】→【Teardrop Options】功能选项打开 Teardrop Options 对话框，如图 8-29 所示。

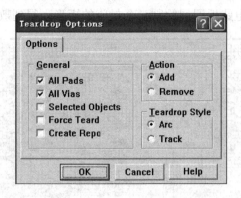

图 8-29　Teardrop Options 对话框

（1）General 选项区域
- 选取 All Pads 会对符合条件的所有焊盘进行补泪滴操作。
- 选取 All Vias 会对符合条件的所有导孔进行补泪滴操作。
- 选取 Selected Objects Only 只对处于选取状态的对象进行补泪滴操作。
- 选取 Force Teardrops 强迫进行补泪滴操作，不管 DRC 错误。
- 选取 Creat Report 将补泪滴操作数据存为一份 .rep 报表文件。

（2）Action 选项
- Add 为进行补泪滴，Remove 为进行删除泪滴。
- Teardrop Style 中 Arc 按钮，表示对圆弧铜膜走线进行补泪滴的操作。
- Teardrop Style 中 Track 按钮，表示对直角铜膜走线进行补泪滴的操作。

8.10　PCB 打印输出

把完成的 PCB 文件打印出来也是整个设计过程中的重要工作。用纸张打印 PCB 文件，可以便于我们用肉眼检查各板层的设计内容是否完全正确。同时也可以让我们把 PCB 文件内容打印到投影片，然后再贴到感光电路板上，进行曝光、显影、蚀刻和焊接，这样就可以作出实用的电路板。PCB 打印输出与原理图的打印输出基本相似，但 PCB 打印存在板层的概念，PCB 打印可以将各板层一起打印，也可以分层打印。

（1）打印预览

PCB 文件绘制完后，在菜单栏执行【File】→【Print/Preview】菜单命令或者在菜单栏选用 按钮，会出现如图 8-30 所示预览图。

（2）设置纸张

在打印机类型上点击鼠标右键，选择 Properties，或者选择【File】→【Setup Printer】，如图 8-31 所示，将弹出如图 8-32 所示的纸张对话框。

- Printer 选项区域：Name 下拉框可以选择所需要的打印机。
- PCB filename 文本框：可以设置打印的 PCB 文件名称。
- Orientation 选项区域：设置打印形式，Portrait（纵向）Landscape（横向）。

第 8 章　门禁自动控制电路 PCB 双面板的绘制

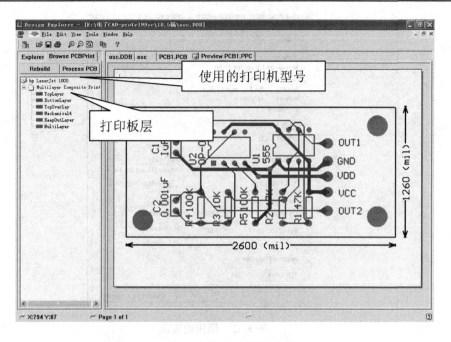

图 8-30　PCB 文件打印预览对话框

- Margins 选项区域：Horizontal 设置水平方向的边距范围，当复选 Center 时以水平居中打印；Vertical 设置垂直方向的边距范围，当复选 Center 时以垂直居中打印。
- Print What 选项区域：Standard Print 根据 Scaling 选项区域的设置提交打印机、Whole Board On Page 将整个 PCB 文件缩放到一页大小提交打印、PCB Screen Region 将预览窗口缩放到一页大小后提交打印。
- Scaling 选项区域：Print Scale 设置打印输出时的放大比例，X Correction 和 Y Correction 设置 X 轴和 Y 轴的输出比例。
- System Defaults 选项区域：Retrieve 恢复到系统默认值，Set 把当前设置作为系统默认值。

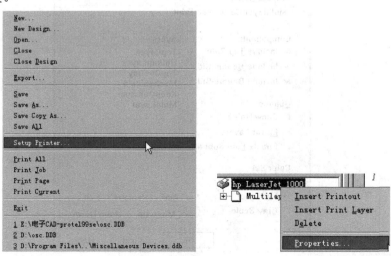

图 8-31　鼠标右键设置框

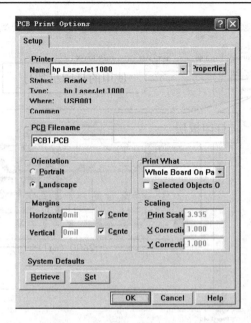

图 8-32　纸张设置框

(3) **设置打印图层**

在打印的图层单击右键，选择 Properties，如图 8-33 所示，可以弹出如图 8-34 所示打印层面设置框。

在 Layers 里可以对所不需要打印的层面删除。

(4) **切换打印模式**

Protel PCB 为一些常用打印模式进行了设置，可以在如图 8-35 所示用的 Tools 功能菜单中直接选用。

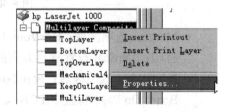

图 8-33　打印层面选择框

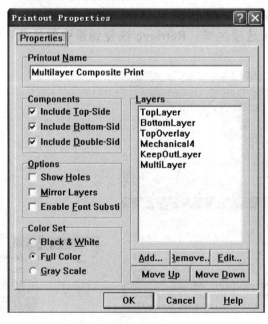

图 8-34　打印层面设置框

- Create Final 选项用于分层打印。
- Create Composite 选项用于叠层打印。
- Create Power—Plane Set 用于打印内层电源板层。
- Create Mask Set 用于打印防焊板层和锡膏板层。
- Create Drill Drawing 用于打印钻孔板层（包括引板层和钻孔图板层）。
- Create Assembly Drawing 用于打印 PCB 顶层与底层相关板层。
- Create Composite Drill Guide 用于 Drill Guide、Drill Drawing、KeepOut、Mechenical 板层打印。

图 8-35 tools 功能菜单

（5）打印输出

最后执行【File】→【Print】子菜单的相关命令就可以进行打印，如图 8-36 所示。

Print 下的子菜单命令如下。
- Print All 打印所有图片。
- Print Job 打印操作对象。
- Print Page 打印给定页面，选择该命令会出现图 8-37 的打印页码选择框。
- Print Current 打印当前页面。

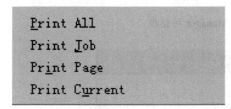

图 8-36 print 子菜单

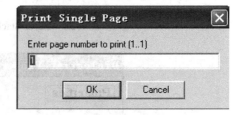

图 8-37 打印页码选择框

8.11 PCB 板层管理及设置

在 Protel PCB 中电路板内一层一层的结构被称为板层堆栈，主要含有 32 层信号板层、16 层机械板层和钻孔对的组合情况。

PCB 的板层设计通常由 PCB 的目标成本，制造技术和所需要的布线通道数决定，所以设计电路板前，要确定好需要多少布线板层和内层板层来进行铜膜布线。

8.11.1 信号板层和内部板层的设置

在 PCB 设计窗口点击菜单栏的【Design】→【Layer stack manager】功能选项就可以打开如图 8-38 所示的 Layer Stack Manager 对话框。

对话框中央将当前的电路板结构以立体效果显示出来，左边列出当前布线板层的列表，右边列出板层间介质的列表。

① 选取左上方的 Top Dielectric 复选框会把顶层防焊层也显示出来。选取 Bottom Dielectric 复选框将会把底层防焊层也显示出来。单击 Top Dielectric 或 Bottom Dielectric 复选

框的 ![] 按钮，将会打开如图 8-39 的 Dielectric Properties 对话框，这是防焊层的属性对话框，可以在此设置防焊层的材料（Material 文本框）、厚度（Thickness）与材料的介电常数（Dielectric constant 文本框）。

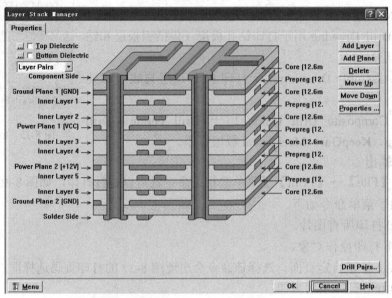

图 8-38　Layer Stack Manager 对话框

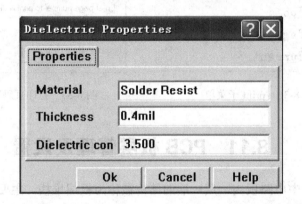

图 8-39　Dielectric Properties 对话框

② 要新增信号板层或内层板层，可以先在板层列表内选取某一板层，然后单击【Add Layer】按钮就可以在当前选取的板层下增加一个中间布线板层（mid layer）。单击【Add Plane】按钮就可以在当前选取的板层下增加一个内层电源板层（internal plane layer）。单击【Delete】按钮就可以将当前选取的板层删除，同时会出现一个确认的对话框。单击【Move Up】按钮可以将当前选取的板层上移一层，单击【Move Down】按钮可以将当前选取的板层下移一层。

③ 选取信号板层后单击【Properties】按钮，或直接在电路板结构显示图的信号板层上双击鼠标左键可以打开图 8-40 的 Edit Layer 对话框（Signal Layer 选项卡），在图中可以设置信号板层的名称(Name)与铜膜走线厚度（Copper thickness）。

④ 选取内层板层后单击【Properties】按钮，或直接在电路板结构显示图的内层板层上

第 8 章 门禁自动控制电路 PCB 双面板的绘制

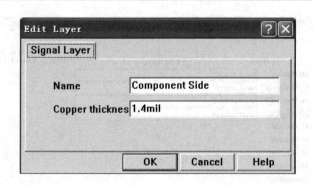

图 8-40　Edit Layer 对话框（Signal Layer）

双击鼠标左键可以打开图 8-41 的 Edit Layer 对话框（Internal plane 选项卡），在图中可以设置内层板层的名称(Name)，铜膜走线厚度（Copper thickness）和连接的网络名称（Net name）。

⑤ 选取板层介质后单击【Properties】按钮，或直接在电路板结构显示图的板层介质上双击鼠标左键可以打开图 8-42 的 Dielectric Properties 对话框，在图中可以设置板层介质的材料名称(Material)，厚度（Thichness）和材质的介电常数（Dielectric constant）。

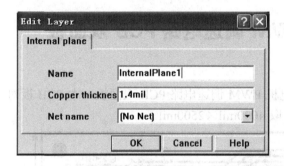 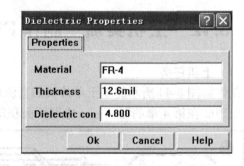

图 8-41　Edit Layer 对话框（Internal plane）　　图 8-42　Dielectric Properties 对话框

⑥ 单击 Layer Stack Manager 对话框左下方的【Menu】菜单按钮,会弹出一些菜单。Example layer stacks 选项的级联菜单是一些定义好的常用电路板结构样板，Add Signal Layer 选项可以新增一个信号板层，Add Internal Plane 选项可以新增一个内层板层，Delete 选项可以删除当前选取的板层，Move Up 选项将当前选取的板层上移一层，Move Down 选项将当前选取的板层下移一层，Copy to Clipboard 选项用来将当前电路板结构图拷贝到 Windows 剪贴板中，Properties 选项用来打开当前选取板层或板层介质的属性对话框。

8.11.2　机械板层的设置

在 PCB 设计窗口点击菜单栏的【Design】→【Mechanical Layers】 功能选项就可以打开如图 8-43 所示的机械板层设置对话框。

将光标指针移至所需要打开的机械层上，单击鼠标左键即可设置。再次单击将取消选中设置。【Visible】复选框可以确定可见方式，【Display In Single Layer Mode】复选框用来选择是否在单层显示时放到各个层上。单击【Ok】按钮可以完成设置。

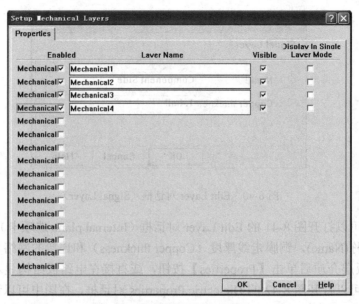

图 8-43 机械板层设置对话框

8.12 上机实训 制作 PWM 调速电路 PCB 双面板

（1）上机任务

制作如图 8-44 所示的基于单片机的直流电机 PWM 调速电路 PCB 双面板（本 PCB 板对应的原理图在第 4 章的图 4-1）。电路板面积选取 4000mil×2500mil。

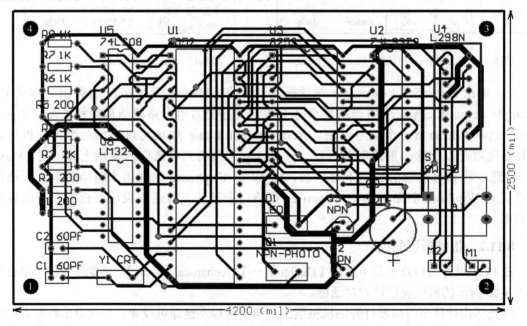

图 8-44 单片机的直流电机 PWM 调速电路 PCB 双面板参考效果图

（2）任务分析

见表 8-4。

表8-4 基于单片机的直流电机 PWM 调速电路 PCB 各元件外形名称、序号

Lib Ref(元件样本名)	Designator(元件序号)	Footprint(元件封装名)	备注
发光二极管	D1	RAD0.2	
电阻	R1～R8	AXIAL0.3	
电容	C1、C2	RAD0.1	
光电三极管	Q1	RAD0.2	
三极管	Q2、Q3	TO-92A	
集成芯片	U1	DIP40	
集成芯片	U2	DIP20	
集成芯片	U3	DIP24	
集成芯片	U4	L298N	原理图库须自制 元件封装库须自制
集成芯片	U5、U7、U8	DIP14	
接插件	J1、J2	SIP2	
轻触开关	S1	ANJIAN	元件封装库须自制

【注意】三极管的原理图的管脚（number）为1、2、3，对应名称（name）B、C、E，但实际三极管实物管脚为C、B、E排列，所以可以在三极管的封装中修改管脚（designator）为2、1、3与实物一致。

集成芯片 L298N 封装尺寸，如图8-45 所示。

（3）操作步骤和提示

① 对原理图进行电气规则检查【Tools】→【ERC】。
② 为原理图元件指定合适的管脚封装，并产生网络表。
③ 利用向导设置 PCB 板尺寸。
④ 修改 PCB 封装，如图8-44 三极管 designator 的 1、2 脚互换。
⑤ 创建集成芯片 L298N 和轻触按键的封装并调用其 PCB 封装库。
⑥ 通过网络表【Design】→【Load Nets】，导入 PCB 元件封装和网络。
⑦ 设置布线规则【Design】→【Rules】→【Width Constraint】，对于单片机电路为了使信号电平稳定，提高电路抗干扰能力，地线尽量设置粗一些，在图8-44 中设置地线（GND）为50mil，电源线为30mil，数据线设置为20mil。

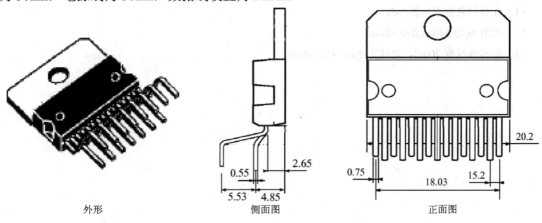

图8-45　L298N 芯片尺寸

⑧ 设置双面板布线规则【Design】→【Rules】→【Routing Layers】，Top Layer 为 Horizontal，Bottom Layer 为 Vertical。

⑨ 对地线和电源线进行手工布线，遵循粗、短、避免环路的原则。

⑩ 对布置好的地线和电源线锁定，双击地线或电源线选择 Locked，然后对数据线采用自动布线【Auto Route】→【All】。

⑪ 绘制安装孔，选用焊盘，在 Properties 中设置 X-Size、Y-Size、Hole Size 为 200mil，在 Advanced 中取消 Plated（电镀）项。

⑫ 补泪滴。

⑬ 对地线进行敷铜。

（4）完成效果

基于单片机的直流电机 PWM 调速电路 PCB 双面板参考效果图，如图 8-44 所示（图中没有补泪滴，没有对地敷铜）。

本章小结

本章综合前面所学知识点和技能，讲解门禁自动控制电路 PCB 双面板电路的绘制全过程，重点讲述贴片元件为主的 PCB 板手工绘制方法，补泪滴和敷铜，DRC 检查，以及 PCB 图打印，本章是对前面章节内容的一次综合讲述。

习 题

8-1 请问双面板布线时，为何要设置成顶层和底层走线交叉，避免平行？

8-2 敷铜对于 PCB 板有什么效果？泪滴对 PCB 起什么作用？

8-3 声光控楼道灯电路是利用声波为控制源的新型智能开关，它避免了繁琐的人工开灯，同时具有自动延时熄火的功能，更加节能，且无机械触点、无火花、寿命长，广泛应用于各种建筑的楼梯过道、洗手间等公共场所。如图 8-46、图 8-47 所示。

（1）元件封装要求见表 8-5。

（2）PCB 板为 3400mil×2300mil。

（3）信号线线宽 20mil，地线、电源线宽 50mil。

第 8 章 门禁自动控制电路 PCB 双面板的绘制

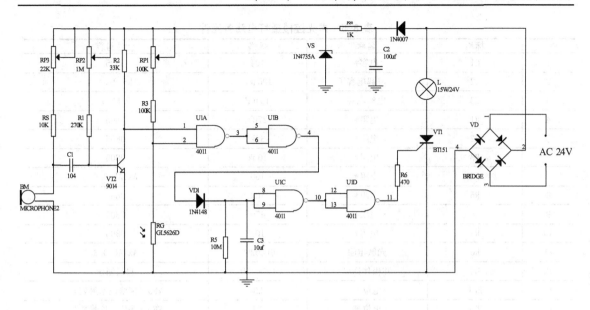

图 8-46 声光控楼道灯电路原理图

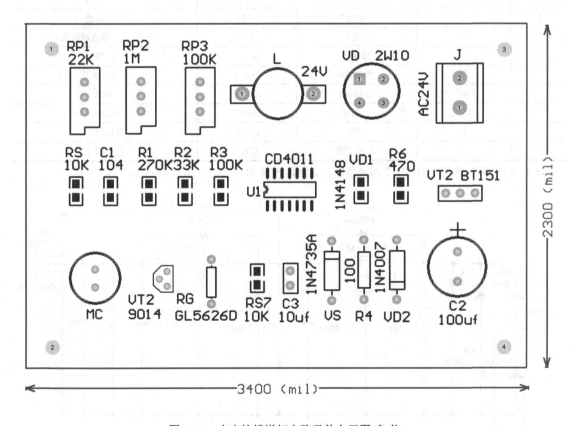

图 8-47 声光控楼道灯电路元件布局图(参考)

表 8-5 声光控楼道灯电路各元件

序号	标称	名称	规格	元件封装
1	C1	电容*	104	0805
2	C2	电解电容	100μF	RB.2/.4
3	C3	电解电容	10μF	RAD0.1
4	R1	电阻*	270k	0805
5	R2	电阻*	33k	0805
6	R3	电阻*	100k	0805
7	R4	电阻*	100	AXIAL-0.4
8	R5	电阻*	10M	0805
9	R6	电阻*	470	0805
10	RS	电阻*	10k	0805
11	RG	光敏电阻	GL5626L	AXIAL-0.3
12	MC	驻极体话筒	CZN-15D	自己创建
13	RP1	电位器	22k	VR5（需修改原封装）
14	RP2	电位器	1M	VR5（需修改原封装）
15	RP3	电位器	100k	VR5（需修改原封装）
16	VS	稳压二极管	1N4735A	DIODE0.4
17	VD	整流桥堆	2DW	自己创建
18	VT1	三极管	9014	TO-92A（需修改原封装）
19	VT1	晶闸管	BT151	TO-126
20	U1	集成块*	CD4011	SO-14
21	VD1	二极管*	1N4148	0805
22	VD2	二极管	1N4007	DIODE0.4
23	L	灯	AC 24V	自己创建
24	J	扣线插座	CON2	自己创建

8-4 根据图 8-48 所示的稳压电源原理图，制作其 PCB 图。

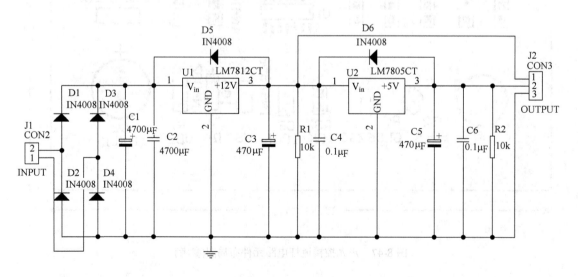

图 8-48 稳压电源原理图

表 8-6 稳压电路各元件

序号	标称	名称	规格	元件封装
1	C1	电解电容	4700μF	RB.2/.4
2	C3、C5	电解电容	104	RB.2/.4
3	R1、R2	电阻	10k	AXIAL0.4
4	D1-D6	二极管	IN4008	DIODE0.4
5	C2、C4、C6	瓷片电容	0.1μF	RAD0.1
6	U1	三端稳压块	LM7812CT	TO-126
7	U2	三端稳压块	LM7805CT	TO-126
8	J1	接插件	CON2	SIP2
9	J2	接插件	CON3	SIP3

（1）元件封装要求见表 8-6。

（2）PCB 板为 80mm×60mm，在 PCB 板四角设置一个 $\phi3.5$ 的安装孔，孔到各边距离为 5mm。

（3）信号线线宽 20mil，地线宽 50mil。

（4）LM7812CT 和 LM7805CT 装有散热片，散热片的尺寸如图 8-49 所示。在 PCB 板上表明散热片的安装位置和安装散热片的安装孔。

（5）只显示各元件标号，在 J1 处标注 "ACINPUT"，在 J2 处标注 "DCOUTPUT"。

（6）J1、J2 的焊盘改为边长为 80mil 的正方形（孔径默认）。LM7812CT 和 LM7805CT 的焊盘改为长 120mil、宽 80mil 的椭圆，孔径为 40mil。

（7）如图 8-50 所示在 PCB 板没有布线的地方敷铜，与地相连。

参考图样：（图中没有对地敷铜）

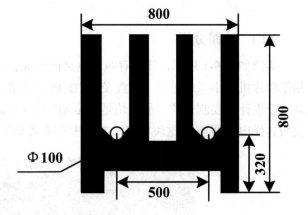

图 8-49 三端稳压块散热片图

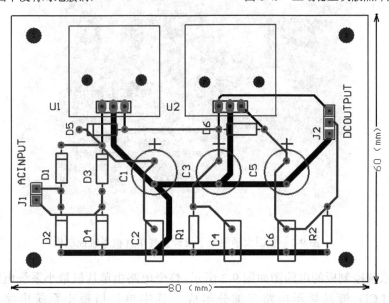

图 8-50 稳压电源 PCB 图

第 9 章　电路板综合设计实例

【本章学习目标】

本章以全国大学生电子设计竞赛单片机系统控制板这个工程实例，系统讲解印制电路板的整体制作过程，使学生清晰理解电路板设计制作的完整流程，以及掌握整个绘制流程中关键知识点和技能，培养同学们制作电路板的实用技能。

9.1　电路及任务分析

9.1.1　电路分析

实物如图 9-1 所示，其共有两块电路板组成。一块是单片机系统控制板（右边），该板包括了单片机最小系统电路、键盘及 LED 显示电路、LCD 液晶显示电路三部分，这块板是本章综合设计所要制作的。另一块是 DA-AD 板（左边），该板包括了 DA 数模转换电路和 AD 模数转换电路两部分,这块电路板制作本章不做介绍。

图 9-1　全国大学生电子设计竞赛单片机系统控制板

单片机系统控制板的电路图如图 9-2 所示,整个电路由单片机最小系统电路、键盘及 LED 显示电路、LCD 液晶显示电路三部分组成。其中单片机最小系统电路由 U1 单片机 Atmel89C52、U2 锁存器 74LS373、U3 静态存储器 Intel62256、U5 译码器 74LS138、JP2 插座 HEADER10×2 和 JP3 插座 HEADER20×2 等组成。JP2 插座用于连接 DA-AD 板，JP3 插座用于扩展单片机的 40 个引脚。键盘及 LED 显示电路主要由周立功公司的串行键盘与显示芯片 ZLG7289、8 个 LED 显示管 DS0~DS7、16 个按键 NUM0~NUMF 组成。LCD 液晶显示电路主要由 1 个 20 脚的 LCD 插口、U6 与非门等组成。

9.1.2 任务分析

该章首先完成单片机最小系统电路、键盘及 LED 显示电路、LCD 液晶显示电路三部分的原理图绘制，同时介绍了在绘制过程中所需自制的原理图元件。然后以成熟的电路板实例，讲解了整个系统控制板 PCB 图的完整绘制过程，包括所需元件封装的创建、如何规范且美观的布局、如何科学的布线与修改布线等。从而培养学生贴近实际工作的工程实践能力。

【注意】① 本章电路图 9-2 与第 4 章中的实训题中电路相似，但图中也有个别地方不同，请大家在绘图时不要照搬。

② 虽然单片机系统控制板中的三部分电路是制作在同一块电路板上，但为了清楚起见，在同一张图纸上分别绘制这三部分电路。

9.2 原理图绘制

首先创建一个工程设计文件（数据库），取名为 jingsai.ddb，将该项目的所有文件都保存在该数据库中。

9.2.1 单片机最小系统电路图绘制

在绘制原理图之前，先新建一个原理图元件库。执行【File】→【New document】，然后单击 Schematic Library Document 图标，新建一个 Schlib1.Lib 项目文件，取名为 jingsai.Lib，用于存放自制的元件。

（1）制作原理图元件

单片机最小系统电路如图 9-4 所示，该电路中大部分原理图元件均可在元件库中找到，但插座 JP2、JP3、排阻 RP1、存储器 U3 必须自制。自制原理图元件如图 9-3 所示，自制元件在元件库中的取名（元件样本名）如表 9-1 所示。

表 9-1 单片机最小系统电路图中自制原理图元件表

元件序号	JP2	JP3	RP1	U3
元件样本名	20YINJIAO	20JIEKOU	PAIZU	62256

（2）单片机最小系统电路原理图绘制

① 新建一个原理图文件。执行【File】→【New document】，然后单击 Schematic Document 图标，新建一个 Sheet1.Sch 项目文件，取名为 jingsai.Sch。把整个图纸大小设置为 A2，而单片机最小系统电路图位于整个图纸的左下角。

② 添加元件库。添加 Protel DOS Schematic Libraries.ddb、Miscellaneous Devices.ddb、Intel Databooks.ddb 以及自己新建的元件库 jingsai.ddb。

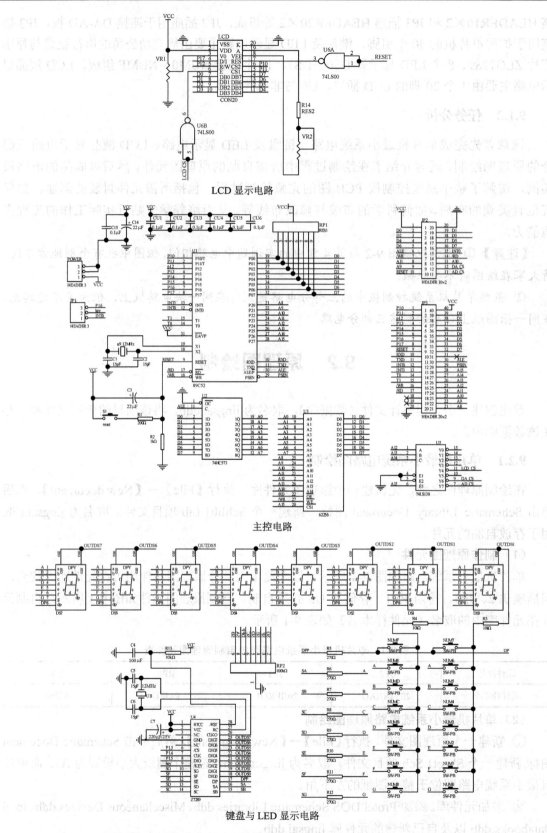

图 9-2 全国大学生电子设计竞赛单片机系统控制板的电路原理图

第 9 章 电路板综合设计实例

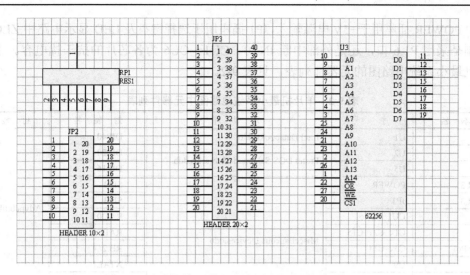

图 9-3 单片机最小系统电路图中的自制原理图元件

③ 绘制原理图,原理图如图 9-4 所示。

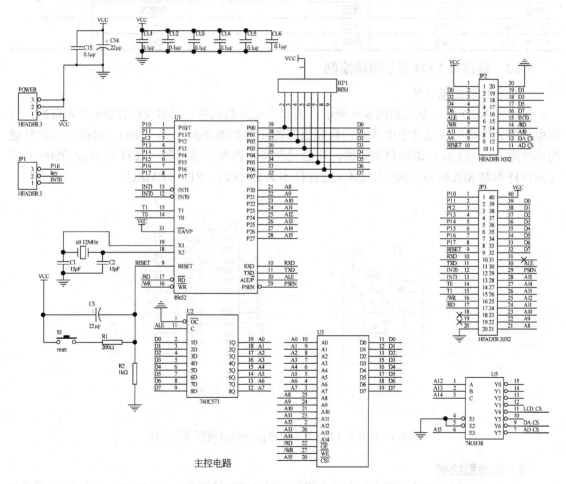

图 9-4 单片机最小系统电路图

该图在绘制过程中大量采用了网络标号,省略了复杂的连线,使电路图更加简洁清晰。

图中 POWER 插座用于+5V 电源输入，JP1 插座用于选择键盘及 LED 显示电路中 ZLG7289 按键控制是采用 P1.6 口，还是外部中断 INT0。CU1～CU6 为各芯片的抗干扰电容。下面给出单片机最小系统电路图的元器件列表，见表 9-2。

表 9-2 单片机最小系统电路图中元器件列表

样 本 名	序 号	元 件 库	封 装 名	封 装 库
8032AH	U1	Intel Databooks.ddb	DIP40	
74HC573	U2	Protel DOS Schematic Libraries.ddb	DIP20	
74LS138	U5		DIP16	
HEADER 3	POWER		SIP3	
HEADER 3	JP1		SIP3	Advpcb.lib
CAP	CU1～CU6		RAD0.1	
CAP	C1、C2、C15	Miscellaneous Devices.ddb	RAD0.1	
Capacitor Pol	C3、C14		RB.2/.4	
Crystal	U9		XTAL1	
RES2	R1、R2		AXIAL0.3	
SW-PB	S1		RESET	自制
RP1	RP1	自制	SIP9	
62256	U3	自制	DIP28	Advpcb.lib
20YINJIAO	JP2	自制	IDC20	
40YINJIAO	JP3	自制	IDC40	

9.2.2 键盘及 LED 显示电路绘制

（1）制作原理图元件

键盘及 LED 显示电路如图 9-6 所示，该图中七段数码管、芯片 ZLG7289 必须自制，其他原理图元件均可在元件库中找到。自制原理图元件如图 9-5 所示，我们还是在上次的新建的元件库 jingsai.Lib 中添加自制元件，自制元件在元件库中的取名：LED 显示管 DS0～DS7（元件样本名 SHUMAGUAN）、U4（元件样本名 Z7289）、RP2（PAIZU）。

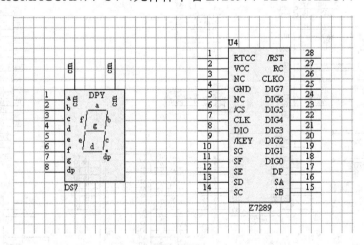

图 9-5 键盘及 LED 显示电路图中的自制原理图元件

（2）原理图绘制

键盘及 LED 显示电路主要由周立功公司的串行键盘与显示芯片 ZLG7289、8 个 LED 显示管 DS0～DS7、16 个按键 NUM0～NUMF 组成。下面给出该电路的元器件列表，如表 9-3 所示。

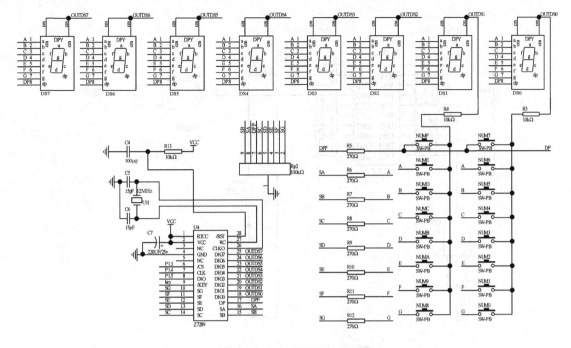

图 9-6 键盘及 LED 显示电路图

表 9-3 键盘及 LED 显示电路图中元器件列表

样 本 名	序 号	元 件 库	封 装 名	封 装 库
Z7289	U4	自制	DIP28	Advpcb.lib
SHUMAGUAN	DS0～DS7	自制	SMG	自制
RP2	RP2	自制	SIP9	Advpcb.lib
RES2	R3～R13	Miscellaneous Devices.ddb	AXIAL0.3	
SW-PB	NUM0～NUMF		ANJIAN	自制
CAP	C4、C5、C6		RAD0.1	Advpcb.lib
Capacitor Pol	C7		RB.2/.4	
Crystal	U11		XTAL1	

9.2.3 LCD 液晶显示电路绘制

（1）制作原理图元件

LCD 液晶显示电路如图 9-8 所示。该图中的元件 LCD 是一个 20 脚的插口，用于插上 LCD 液晶显示屏，该 LCD 元件必须自制，其他原理图元件均可在元件库中找到。自制原理图元件如图 9-7 所示，取名为 LCD（元件样本名 LCD）。

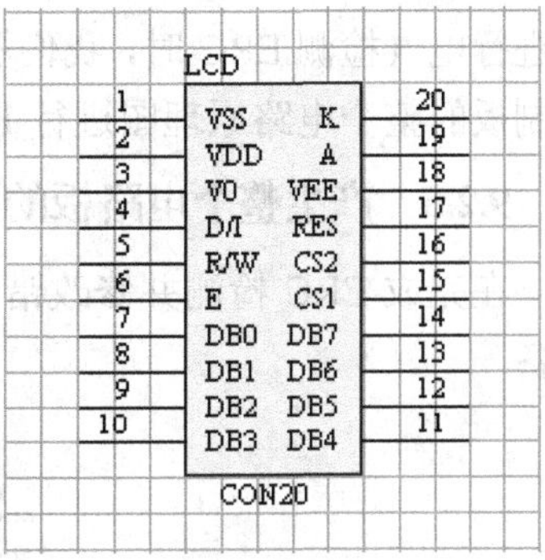

（2）原理图绘制

LCD 液晶显示电路主要由 1 个 20 脚的 LCD 插口、U4 与非门、两个电位器 VR1 和 VR2 等组成，下面给出该电路的元器件列表，如表 9-4 所示。

图 9-7 LCD 液晶显示电路图中的自制原理图元件

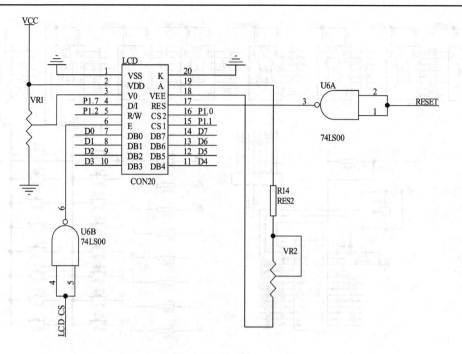

图 9-8　LCD 液晶显示电路图

表 9-4　LCD 液晶显示电路图中元器件列表

样 本 名	序 号	元 件 库	封 装 名	封 装 库
LCD	LCD	自制	SIP20	
74LS00	U6	Miscellaneous Devices.ddb	DIP14	Advpcb.lib
Resistor Tapped	VR1,VR2		SIP3	
RES2	R14		AXIAL0.3	

9.2.4　电气检测 ERC 并产生测试报告

在分别完成以上三部分电路图的绘制之后，我们要进行 ERC 电气检测。以便在生成 PCB 板前及时发现错误，并修改错误，避免今后在 PCB 板绘制中带来不必要的麻烦。另外要说明一点，就是以上三部分电路虽然我们是分别绘制的，但它们应该是绘制在同一张图纸上，所以进行电气检测 ERC 时，我们不是对每部分电路单独检测，而是对电子设计竞赛单片机系统控制板的整个电路原理图进行 ERC 检测。

9.2.5　产生整个电路板的网络表

在完成 ERC 检测并修改错误之后，我们生成整个电路板的网络表，为绘制 PCB 板做好准备。

9.3　PCB 板的制作

9.3.1　自制 PCB 元件封装

首先新建一个 PCB 元件外形封装库。执行【File】→【New document】，然后单击 PCB

Library Document 图标,就可新建一个 PCBLIB1.LIB 项目文件,取名为 jingsai.LIB,在该库中分别创建复位按钮 S1、七段数码管 DS0~DS7、按键 NUM0~NUMF 三个元件的封装。

（1）单片机最小系统电路图中复位按钮 S1 封装制作

单片机最小系统电路中的大部分元件的封装均可在封装库 Advpcb.lib 中找到，如上节的表 9-2 所示，但复位按钮 S1 较为特殊，需要自己制作。先利用游标卡尺仔细测量复位按钮四个管脚之间的距离，以及管脚的粗细。元件封装尺寸参数如图 9-9 所示，另外确定焊盘参数为 X_Size=80mil，Y_Size=65mil，孔径为 39mil。

（2）键盘及 LED 显示电路中七段数码管 DS0~DS7、按键 NUM0~NUMF 封装制作

键盘及 LED 显示电路中的大部分元件的封装也均可在封装库 Advpcb.lib 中找到，如上节的表 9-3 所示，但七段数码管 DS0~DS7、按键 NUM0~NUMF 的封装需要自己制作。元件封装尺寸参数如图 9-10、图 9-11 所示，按键焊盘参数为 X_Size=98mil，Y_Size=79mil，孔径为 39mil。七段数码管焊盘参数为 X_Size=59mil，Y_Size=79mil，孔径为 39mil。

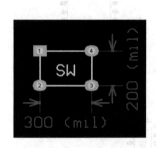 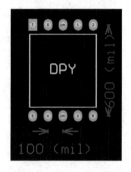 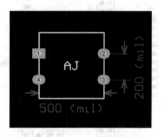

图 9-9　复位按钮 S1 的封装　　图 9-10　七段数码管的封装　　图 9-11　按键的封装

【注意】七段数码管 DS0~DS7 的封装形式比较特殊，要注意焊盘的排列序号与实际购买的数码管引脚要对应。

9.3.2　新建 PCB 文件

执行【File】→【New document】，然后单击 PCB Document 图标,新建一个"PCB1.pcb"项目文件，取名为"jingsai.pcb"。

9.3.3　规划电路板

电路板尺寸和形状如图 9-12 所示。

具体横向尺寸 X=7850mil (159mm) 纵向尺寸 Y=6260mil (192mm)

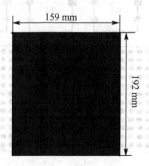

图 9-12　PCB 板尺寸

9.3.4 添加元件封装库

添加 Advpcb.lib 以及自己新建的元件封装库 jingsai.lib。

9.3.5 载入网络表并手工布局

由于电路板上元件较多，且为了按键使用方便，以及显示便于观看。所以自动布局已不能完成以上功能，我们采用了手工布局的方法，如图 9-13 所示。

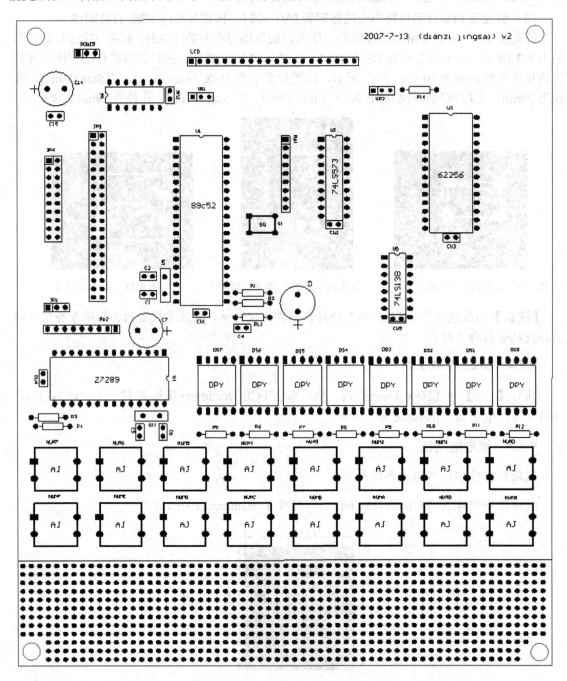

图 9-13　PCB 板中的元件布局

在电路板的下端我们设计了一部分焊盘区域,为扩展其他电路提供了方便。在焊盘区域上面设计了两排共 16 个按键,这样便于按键操作。在按键的上面设计了 8 位荧光数码管。另外把 DA_AD 板插口和 40 脚的单片机引脚扩展口安排在了板子的左上边,这样便于连接。20 脚的 LCD 液晶显示器的插针则安排在了电路板的顶端,这样便于液晶显示器的安装。其他元件安排在了电路板的中央,从而使整个电路板布局紧凑、美观,操作与观看也很方便。

9.3.6 设置布线规则,对电路板进行综合布线

由于自动布线时,系统片面地追求布通率,不可能按照电路板电气特性方面的要求,且布线也不是最简洁美观的。因此对于一个电路较为复杂、元件较多的电路板而言,自动布线的结果往往不能令人满意,所以必须仔细地检查和修改,从而使制作的电路板既美观、又能满足电气特性的要求,同时便于安装和调试。本电路板布线时,采用手工布线和自动布线相结合的方法。

(1)调整显示模式并分析自动布线结果

在默认情况下,PCB 编辑器采用复合模式显示所有用到的层面,但在分析自动布线结果时,用户希望将精力集中在布线层面上,而对于元件布局、编号、参数、元件外形等信息暂时不必考虑,可以隐藏起来,以便更好地分析走线情况。

如果希望单层显示各层的信息,如顶层的布线效果,可以执行【Tool】→【Preference..】菜单命令,弹出如图 9-14 所示的修改编辑器参数对话框,选择 Display 栏,选中 Single Layer Mode 复选框,将 PCB 编辑器显示模式修改为单层模式。然后回到 PCB 编辑器,选择 TopLayer 栏,则可以只显示顶层的布线图,如图 9-15 所示。

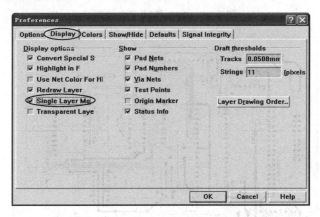

图 9-14 PCB 板布线显示属性对话框

回到 PCB 编辑器,选择 BottomLayer 栏,则可以只显示底层的布线图,如图 9-16 所示。通过以上两张单层显示的顶层布线图和底层布线图,可以清楚地看到不同层面走线情况,从而便于对不合理的走线进行修改和调整。

【说明】以上两张顶层布线图和底层布线图已经是修改和调整好的布线图,也就是实际制作时的布线图,大家在自己布线时可以参考。

(2)调整显示层面并规划修改方案

虽然单层显示模式下,可以单独对各布线层进行分析,找出要修改的导线,但对于双面板而言,导线修改时要同时兼顾顶层和底层的导线,才能确定修改方案。所以我们采取调整

显示层面的方法，同时显示顶层和底层的走线，而将顶层丝印层隐藏起来。方法如下。

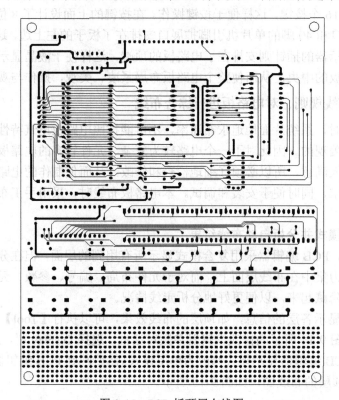

图 9-15　PCB 板顶层布线图

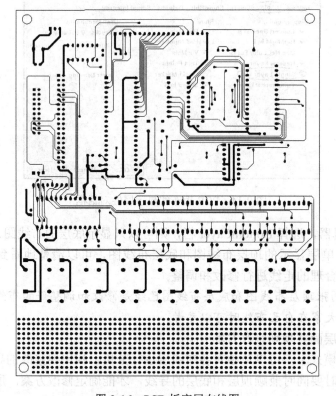

图 9-16　PCB 板底层布线图

① 将显示模式恢复为多层复合显示模式，即取消如图 9-14 所示中的 Single Layer Mode 复选框的选中状态。

② 设置显示层面。执行【Design】→【Options...】菜单命令，弹出如图 9-17 所示的层面设置对话框。不选中顶层丝印层 Top Overlay 复选框，单击【OK】按钮，可以看到编辑器中的顶层丝印层已经隐藏。取消顶层丝印层后顶层和底层布线图如图 9-18 所示。

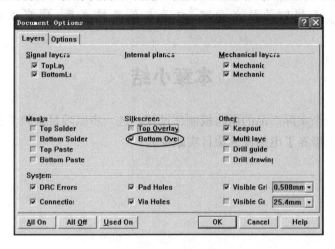

图 9-17　PCB 板显示层面设置对话框

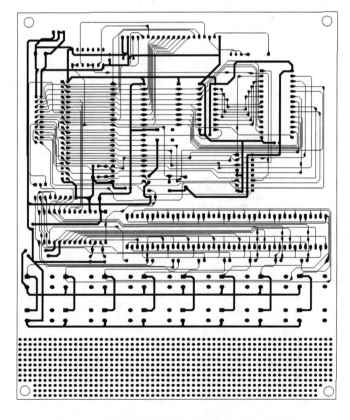

图 9-18　取消顶层丝印层后顶层和底层布线图

【说明】① 该大学生电子设计竞赛单片机系统控制板在我校已成功应用于 2005 年、2007 年两届全国大学生电子设计竞赛。采用该电路板，我校获得了 2005 年 A 题（正弦信号发生器）、H（悬挂运动控制系统）两个江苏赛区二等奖，2007 年 A 题（信号发生器）一个全国二等奖和一个江苏赛区二等奖的好成绩。

② 如果读者对该电路板的制作和软件调试感兴趣，可以与我们联系，我们可提供相关资料。联系方式：无锡职业技术学院 电子与信息技术系 缪晓中老师，电子邮箱 yydz303@163.com。

本章小结

本章通过讲解一个实际产品的电路板制作过程，进一步以项目式教学模式训练了学生的电路板制作的技能，培养了电路板的项目实践经验。

第10章 从 Protel 99SE 到 Altium Designer

【本章学习目标】

本章的内容是关于用户如何实现由 Protel 99SE 到 Altium Designer 的转变。

Protel 99 SE 采用设计数据库（即 DDB）来存储设计文件。而 Altium Designer 在硬盘中存储设计文件，并且引入了工程的概念。99SE 导入向导在将 99SE 的 DDB 文件载入 Altium Designer 的过程中，为用户提供控制以及可视化操控。

✧ 了解现代电子产品设计的发展及与 Altium 公司电子自动化设计工具之间联系。
✧ 掌握 Protel 99SE 与 Altium Designer 软件的差异点，以及 Altium Designer 软件的先进性。
✧ 掌握 Altium Designer 与 Protel 99SE 文件转换方法。
✧ 掌握 Altium Designer 的安装方法。

10.1 电子设计发展历程

10.1.1 电子设计现状

在电子技术发展进入 21 世纪后，由于单位面积内集成的晶体管数正急剧增加、芯片尺寸日益变小；同时，低电压、高频率、易测试、微封装等新设计技术及新工艺要求的不断出现，另外，IP 核复用的频度需求也越来越多。这就要求设计师不断研究新的设计工艺、运用新的一体化设计工具。

正如微处理器最初只是被开发用于增强个人计算器产品的运算能力，随后伴随着性能的增强和价格的下降，微处理的应用扩展到更广阔的领域，这也就直接引发了后来的基于微处理器的嵌入式系统取代基于分立式器件通过物理连线组成系统的设计技术变革。而这一变革的关键并不在于微处理器件本身，而是微处理器将系统设计的重心从关注器件间连线转变到"soft"设计领域。基于这一观点，伴随着 FPGA 技术的发展，电子设计中更多的要素将通过"soft"设计实现。

现代电子产品设计流程（图 10-1）被简单地分成以下两个阶段。

① 器件物理连线平台的设计，即 PCB 板级电路设计。
② "软"设计，即在器件物理连线平台上编程实现的"智能"。

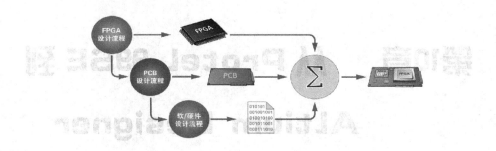

图 10-1 电子系统设计流程

10.1.2 板级电路设计到 Protel 99SE

21 世纪 90 年代末，随着基于个人电脑（PC）性能的迅速提升及微软视窗操作系统（Windows）的广泛使用，Altium 公司（原 Protel 公司）在业界率先提出了贯穿原理图设计-电路仿真-PCB 版图设计-信号完整性分析-CAM 数据输出板级电路设计完整流程的电子自动化设计（EDA）工具——Protel 99SE 版本。Protel 99SE 以可靠、易用的电路设计风格迅速获得了全球主流电子设计工程师的喜爱，从工业控制到航空航天，从消费电子到医疗电子等全球不同的电子设计领域和行业都能发现电子设计工程师熟练地应用 Protel 99SE 开发出性能卓越的板级电子设备。

Protel 99SE 的主要特点：

- 模块化的原理图设计；
- 强大的原理图编辑功能；
- 完善的库元件编辑和管理功能；
- 32 位高精度版图设计系统；
- 丰富、灵活的版图编辑功能；
- 强大、高效的版图布线功能；
- 完备的设计规则检查（DRC）功能；
- 完整的电路设计仿真功能；
- 快速、可靠的 CAM 制板数据输出。

10.1.3 现代电子产品设计到 Altium Designer

纵观电子系统设计的发展，EDA 及软件开发工具成为推动技术发展的关键因素。与此同时，基于微处理器的软件设计和面向大规模可编程器件——CPLDs 和 FPGAs 的广泛应用，正在不断加速电子设计技术从硬件电路向"软"设计过渡。Altium 最新版本的一体化电子产品设计解决方案——Altium Designer Release10 将帮助全球主流电子设计工程师全面认识电子自动化设计技术发展的最新趋势和电子产品的更可靠、更高效、更安全的设计流程。

物理板级电路设计、FPGA 片上组合逻辑系统设计和面向软处理器内核的嵌入式软件设计是"软"设计 SoPC 系统开发的三个基本流程阶段（图 10-2）。

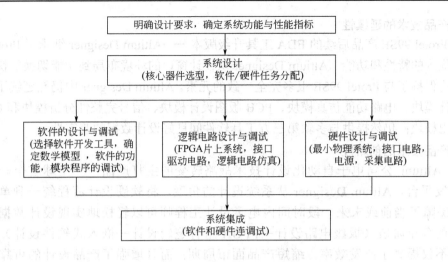

图 10-2　SoPC 系统开发流程

以"软"设计为核心的 SoPC 系统具有结构简单、修改方便、通用性强的突出优点。Altium Designer 与当前电子设计工具的关键差异就在相对于重新设计或设计实现后软件或固件设计更容易被移植。

- 在硬件平台实现之前，可以开展"soft"设计；
- 在硬件设计之后，得以持续"soft"设计；
- 在硬件制造之后，得以持续"soft"设计；
- 在硬件交付给客户之后，得以持续完善"soft"设计；
- 系统调用的设计 IP，更易于保护；
- 只需要提供相应的功能，而非设计源代码；
- "soft"设计将为通过器件建立设计师与厂商间协作提供标准处理模式。

通过提供用于 PCB 版图设计的高级功能和用于 FPGA 片上设计的 IP 内核，Altium 公司力图帮助每位电子产品设计者摆脱繁琐的元器件连线和外围接口部件设计的纠缠；Altium Designer 将为设计创新提供源源不断的支持，使"soft"设计处于系统设计流程的核心地位。

10.2　Protel 99SE 与 Altium Designer

21 世纪 80 年代中叶，诞生了一家专业从事电子设计自动化技术研究和工具开发的公司——Protel。公司推出的首个产品 Protel 帮助当时的电子设计师能利用电子计算机在图形运算和处理特性更高效地实现电路功能设计；同时，帮助广大的设计者将电子设计过程有机会从价格高昂的工程机向个人电脑（PC）平台转换，加速了全球范围内电子设计技术的普及。作为全球电子设计自动化技术的领导者，公司从满足主流电子设计工程师研发需求的角度，跟踪最新的电子设计技术发展趋势，不断推陈出新。回顾 Altium 产品更新历程，首个运行于微软 Windows 视窗环境的 EDA 工具——Protel3.x，首个板级电路设计系统——Protel 99SE，首个一体化电子产品设计系统——Altium Designer，都验证了 Altium 一贯为全球主流电子设计工程师提供最佳的电子自动化设计解决方案的产品研发理念。

(1) 产品技术的延续性

作为 Protel 99SE 产品后续的 EDA 工具升级版本——Altium Designer 继承了 Protel 99SE 软件全部优异的特性和功能。Altium Designer 从设计窗口的环境布局到功能切换的快捷组合按键定义均保持了与 Protel 99SE 很多完全一致的元素。Altium Designer 中仍然延续了传统的原理图设计模块、电路功能仿真模块、PCB 版图设计模块、信号完整性分析模块和 CAM 制板数据输出模块;仍然提供与多款第三方工具软件间良好设计数据的兼容性。

(2) 产品技术的创新性

作为 Altium 公司电子自动化设计技术战略转变的主打产品——全球首个一体化电子产品开发平台,Altium Designer 从系统设计的角度,将软硬设计流程统一到单一开发平台内,保障了当前或未来一段时间内电子设计工程师可以轻松地实现设计数据在某一项目设计的各个阶段(板级电路设计—FPGA 组合逻辑设计—嵌入式软件设计)无障碍地传递,不仅提高了研发效率,缩短产品面市周期;而且增强了产品设计的可靠性和数据的安全性。

所谓一体化设计,Altium Designer 提供了以下三项主要特性:
- 电子产品开发全程调用相同的设计程序;
- 电子产品开发全程采用一个连贯的模型的设计;
- 电子产品开发全程共用同一元件的相应模型。

统一的设计可以极大地简化电子设计工作,利用新技术(如低成本、大规模可编程逻辑器件),整合于企业级产品不同的开发过程,从而使板级设计工程师和嵌入式软件设计工程师在一个统一的设计环境内共同完成同一个项目的研发。

10.2.1 元器件模型设计

在新一代的 Altium Designer 平台中,软件不仅具备了原有 99 SE 中的原理图器件模型设计、PCB 器件模型设计,同时采用了全新的 3D 图像引擎构建元器件的实际外形,使得开发人员可以在软件平台下得到电路的各方面的详细信息;在模型的设计上,新一代的 Altium Designer 具备更加智能化的设计功能,提高了模型设计的效率和速度,简化了开发人员的设计工作。其中在 Altium Designer 中原理图元器件模型、PCB 元器件模型以及元器件外形 3D 模型,如图 10-3 所示。

10.2.2 电子设计工程管理

Altium Designer 具备了强大的工程项目管理功能,不仅包括文件管理和编辑,同时也将 PCB 工程、嵌入式工程、EDA 设计工程等集合到了一个平台上,使得项目在开展过程中,各个子工程间的联系和管理得到了很好的保证。图 10-4 为 Altium Designer 工程项目结构的示意图。

10.2.3 原理图设计模块

(1) 总线线束(Harness)设计

Altium Designer 引进一种叫做 Signal Harnesses 的新方法来建立元件之间的连接和降低电路图的复杂性。该方法通过汇集所有信号的逻辑组对电线和总线连接性进行了扩展,大大简化了电气配线路径和电路图设计的构架,并提高了可读性。

第 10 章 从 Protel 99SE 到 Altium Designer

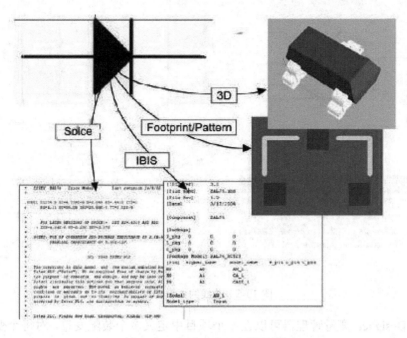

图 10-3 元器件的各类模型设计

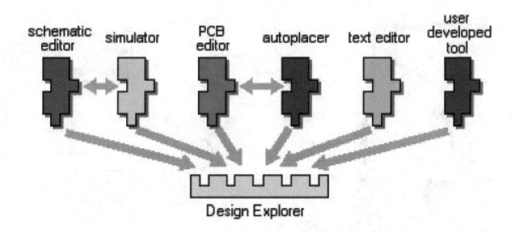

图 10-4 Altium Designer 工程项目结构示意图

开发人员可通过 Signal Harnesses 来创建和操作子电路之间更高抽象级别，用更简单的图展现更复杂的设计。图10-5中的线束载有多个信号，并可含有总线和电线。这些线束经过分组，统称为单一实体。这种多信号连接即称为 SignalHarness。

（2）定义原理图装配变量（Variant Definition）

Altium Designer支持在单个项目中创建多种使你可以处理在同一个设计板上采用不同的器件装配的来制造不同的产品的设计装配变量。通常在PCB 项目中包含多个电路中部分差异元件或是不同的模型的装配变量。Altium Designer对定义变量的数量没有任何限制。

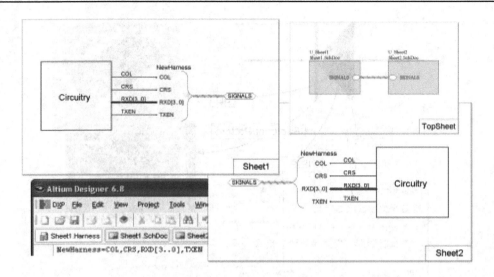

图 10-5　总线约束设计风格

Altium Designer 变量管理器可以在一个项目中定义多个装配变量，对每个变量按要求设定其输出。当完成设计项目和装配变量的定义，由变量就可以产生装配文件和材料清单，如图10-6所示。

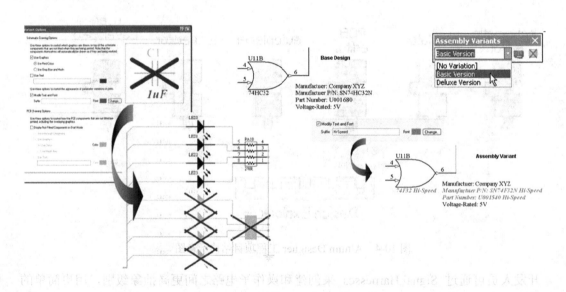

图 10-6　装配变量定义

10.2.4　印制版图设计模块

（1）规则驱动的版图设计

Altium Designer提供了一个基于规则驱动的PCB版图设计环境，允许开发人员自动以多类型的设计规则来完善PCB设计的完整性。其中图10-7是Altium Designer规则驱动的设置界面。

第 10 章　从 Protel 99SE 到 Altium Designer

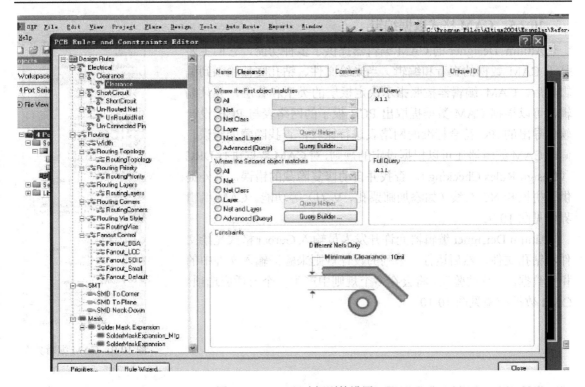

图 10-7　PCB 驱动规则的设置

(2) 同步 PCB 与 FPGA 设计数据

在面向PCB与FPGA的工程开发时，Altium Designer不仅提供了工程开发过程中的设计同步和平台环境的统一，即在统一的软件平台下可以同步地开展PCB和FPGA的设计，同时也提供了PCB设计与FPGA分配的管脚数据的同步，如图10-8所示。

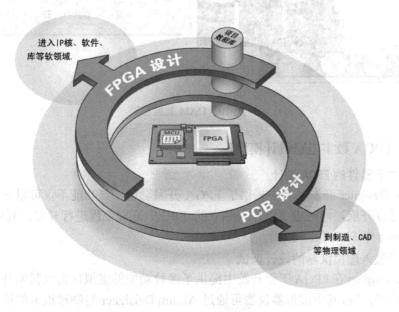

图 10-8　PCB 与 FPGA 设计的集成

· 193 ·

10.2.5 CAM 格式数据编辑

Altium Designer 的 CAM 编辑器提供了多种功能,它们主要基于 CAM 数据的查看和编辑。当光绘文件、钻孔文件输入到编辑器后,CAM 编辑器按照指示决定板层的类型和叠层,并且编辑器可以根据 CAM 数据提取出 PCB 板子的网络表与 PCB 设计软件导出的 IPC 符合标准的网络表进行比较,查找隐藏的错误。同时 CAM 编辑器还可以根据设定的规则,对 CAM 数据进行 DRC (Design Rules Checking),查找并自动修复隐藏的错误,另外提供了拼板和 NC 布线(如添加邮票孔、V 刀)等功能。CAM 编辑界面见图 10-9。

Altium Deisigner 编辑器允许开发人员输入 Gerber 格式光绘文件和钻孔文件,然后运行一系列的设计规则来验证输入文件中的相关数据。一旦被验证,将会在多个规则中产生一个自适应选项。CAM 数据校验见图 10-10。

图 10-9　CAM 编辑界面

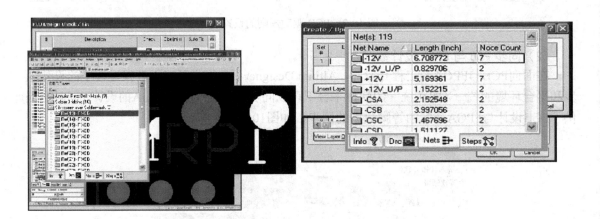

图 10-10　CAM 数据校验

10.2.6 FPGA 数字电路设计模块

(1) 独立于器件的 FPGA 设计

Altium Designer 开发环境中提供了 FPGA 开发功能,该功能不仅可以作为复杂工程中一个子工程进行开展,同时也可以作为独立的 FPGA 开发工程进行开发。其中图 10-11 为 Altium Designer 中 FPGA 工程界面。

(2) 支持嵌入虚拟仪器的设计调试

Altium Deisigner 在 FPGA 工程开发中提供了多种功能的虚拟仪器以帮助开发人员顺利完成系统的测试和开发,其中虚拟器仪器可通过 Altium Deisigner 与物理板卡的连接线捕获板卡上个各类数据或者将开发人员的设置的数据指令发送到板卡内部。在图 10-12 中,红色框内的虚拟仪器实现开发人员利用 Altium Deisigner 中的虚拟仪器界面完成对硬件板卡运行过程中所需数据指令的发送和捕获。

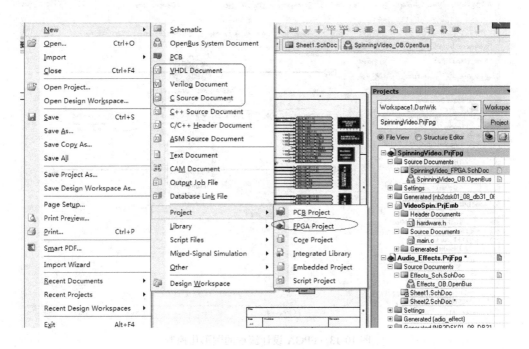

图 10-11　FPGA 工程界面

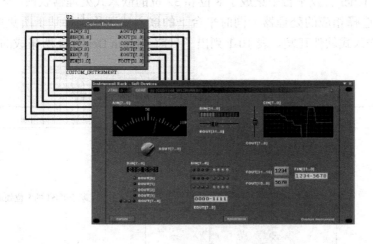

图 10-12　虚拟仪器与 FPGA 开发的结合

（3）设计流程的图形化控制

Altium Deisigner 提供了 FPGA 设计流程的图形化控制功能，如图 10-13 所示，对 FPGA 开发过程中的编译、综合、下载文件建立和文件的下载功能提供了四个步骤的控制。

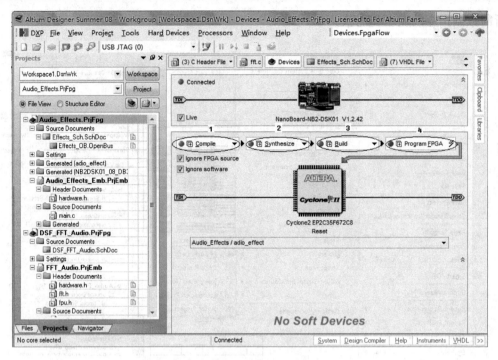

图 10-13　FPGA 设计流程的图形化控制

10.2.7　嵌入式软件设计模块

Altium Designer 开发平台中集成了 8 位和 32 位的嵌入式处理器软核,开发人员可依据工程的具体需要选择相应的处理器,同时平台下的嵌入式工程支持基于所集成的处理器软核 C/C++语言的嵌入式软件开发。表 10-1 列出了目前 Altium Designer 所集成的处理器。

表 10-1　Altium Designer 支持的软核处理器

处理器名称	图标	说明
TSK51/52		基于 8051 的 8 位处理器软核
TSK3000	略	基于 MIPS 结构的 32 位处理器软核
PPC450	略	基于 PowerPC 结构的 32 位 Xilinx 处理器接口
MICROBLAZE	略	基于 RISC 结构的 32 位 Xilinx 软核处理器接口
COREMP7	略	基于 ARM7 结构的 32 位 Actel 软核处理器接口
NIOSII	略	基于 RISC 结构的 32 位 Altera 软核处理器接口

10.3 导入 Protel 99SE 设计数据（Import Wizard）

Altium Designer 包含了特定的 Protel 99SE 自动转换器。直接将*.DDB 文件转换成 Altium Designer 下项目管理的文件格式。

① Altium Designer 全面兼容 99SE 的各种文档。Altium Designer 中设计的文档也可以保存成 99se 格式，方便在 99SE 软件中打开，编辑。

② 在 Altium Designer 中导入 99SE 文档
- 使用菜单"file\import wizard..."打开导入向导，进入导入界面，如图 10-14 所示。

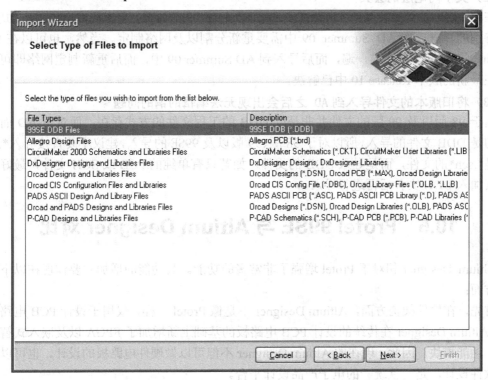

图 10-14 protel 99SE 导入向导

- 选择 99se DDB files，然后按照操作提示，再依次添加 99SE 格式文档，系统自动转换成 AD project 项目文档。

③ 在 Altium Designer 中的 PCB 界面下，使用"save as..."功能，把文件保存成 version 4.0 格式，该格式文档能在 99SE 软件中打开。如图 10-15。

④ AD 软件可以直接打开 99SE 原理图文档。在 AD 软件中同样可以把原理图保存成 version4.0 的格式，方便在 99SE 中打开。

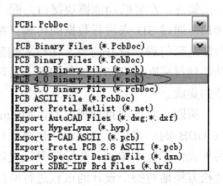

图 10-15 文件保存成 version 4.0 格式

10.4 典型问题分析

（1）针对 99SE 中底层贴片焊盘丢失的问题

在 99SE 中当贴片焊盘使用 "Use Pad Stack" 模式对焊盘进行设置的时候，将这样的文件导入到 Altium Designer Summer 09(9.0 的版本)会出现底层焊盘丢失的状况。在 Altium Designer 的版本 Summer 09（9.4.0.20159）中已经对这个 Bug 进行了修复。

（2）关于内电层的丢失

在将 99SE 的文件导入到 Altium Designer Summer 09 的时候，会出现内电层丢失的现象，需要特别的注意，在 AD Summer 09 中需要重新分割以及网络制定。当然，也可以在 99SE 中用 line 将 Splite Plane 描一遍，而后导入到 AD Summer 09 中，而后重新制定网络即可。该问题在最新的版本 Release 10 中已解决。

（3）将旧版本的文件导入到 AD 之后会出现无法编辑的铜的问题

由于 98 版以及 99 版的文件并非是以 DDB 的工程文件的方式存在，而对于 AD 而言，提供的是 DDB 文件的导入，所以对于 98 版、99 版以及 99SE 的导入，建议不要直接导入*.pcb*或者是*.sch*的文件，而是导入 DDB 的文件，如若只有单纯的 PCB 或 SCH 文件，最好也是先将其加入 DDB 文件后再进行导入。

10.5 Protel 99SE 与 Altium Designer 对比

Altium Designer 相对于 Protel 增强了非常多的功能。其功能的增加主要体现在以下几个大的方面：

首先，在软件架构方面，Altium Designer 不是像 Protel 一样，仅用于设计 PCB 电路板的功能。Altium Designer 在传统的设计 PCB 电路板的基础上新增加了 FPGA 以及嵌入式智能设计这一功能模块。因此，现在的 Altium Designer 不但可以做硬件电路板的设计，也可以做嵌入式软件设计。是一款统一的电子产品设计平台。

其次，在 EDA 设计软件兼容性方面，Altium Designer 提供了其他 EDA 设计软件的设计文档的导入向导。通过 import wizard 来进行其他电子设计软件的设计文档以及库文件的导入。

第三，在辅助功能模块接口方面，Altium Designer 提供了与机械设计软件 ECAD 之间的接口，通过 3D 来进行数据的传输。在与制造部门之间，提供了 CAM 功能，使得设计部门与制造部门进行良好沟通。在与采购部门以及装配部门，提供了 DBLIB 以及 SVNDBLIB 等功能使得采购部门与设计部门等人员可以共享元件信息，提供与公司 PDM 系统或者 ERP 系统的集成。

第四，对于项目管理方面，Altium Designer 采用的是以项目为基础的管理方式，而不是以 DDB 的形式管理的。这样使得项目中的设计文档的复用性更强，文件损坏的风险降低。另外提供了版本控制、装配变量、灵活的设计输出 output jobs 等功能，使得项目管理者可以轻松方便地对整个设计的过程进行监控。

最后，在设计功能方面，Altium Designer 无论是在原理图、库、PCB、FPGA 以及嵌入

第 10 章　从 Protel 99SE 到 Altium Designer

式智能设计等各方面都增加了许多新的功能。这将大大增强对处理复杂板卡设计和高速数字信号的支持，以及嵌入式软件和其他辅助功能模块的支持。

Altium Designer 对于之前的版本 Protel 99SE 是向下兼容的，因此，原来 Protel99SE 的用户若要转向 Altium Designer 来进行设计，可以将 Protel 99SE 的设计文件以及库文件导入到 AltiumDesigner 中来。

10.6　Altium Designer 的安装

① 首先对 Altium Designer Winter 09 压缩文件和 Altium Designer Winter 09 破解补丁压缩文件进行解压。

② 在解压后的文件夹中找到安装程序 ，双击打开，显示如图 10-16 所示窗口，我们需对四项显示中的前两项进行安装。

③ 双击 `Install Altium Designer`，进入第一个程序安装。

④ 按照安装提示，依次点击 Next 按钮、选中 I accept the license agreement、选中 Anyone who uses this computer。

⑤ 然后选择安装目录，点击 Browse，例如选择 D 盘已建好的 Altium winter09 文件夹，点击 Next 下一步。

⑥ 选择安装库文件，选中 install Board-Level Libraries。

⑦ 进入安装等待窗口，如图 10-17，最后点击 Finish 按钮，完成第一个程序的安装。

⑧ 接着安装第二个程序，双击 `Install Floating License Server`。

⑨ 按照安装提示，依次操作，最后点击 Finish 完成。

注意：选择安装目录时，应安装在第一次安装的目录里面。

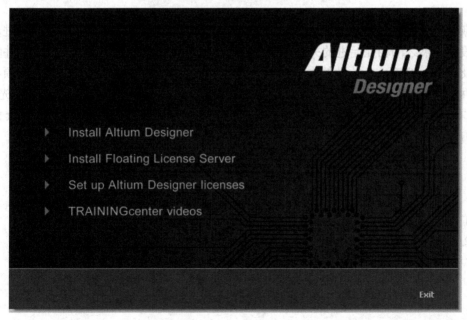

图 10-16　Altium Designer 安装窗口

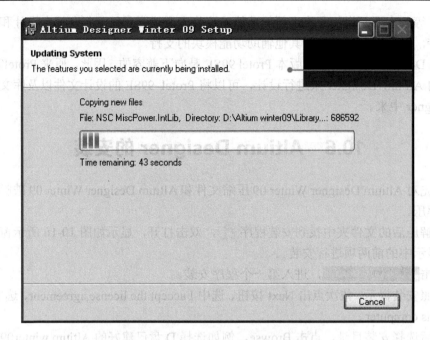

图 10-17 Altium Designer 安装等待窗口

⑩ 安装完成后，要进行注册。注册文件在 Altium Designer Winter 09 文件夹中的 Crack_AD8.3 文件夹里，将其中两个文件 ALTIUM.alf、dxp 复制，全部粘贴到安装的目录中（粘贴时全部替换以前的文件）。

本章小结

本章介绍了现代电子产品设计的发展历程，Altium 公司电子自动化设计工具的进步与电子产品设计发展之间相互促进的关系；详细分析了 Protel 99SE 与 Altium Designer 软件的差异点，以及 Altium Designer 软件的先进性，使学习者能理解两者的不同与联系，便于顺利过渡到新软件的使用。另外，还介绍了 Altium Designer 与 Protel 99SE 文件转换方法，使原先 Protel 99SE 版本的文件也能在 Altium Designer 上正常使用。最后还讲解了 Altium Designer 的安装及使用方法。

习 题

10-1 简述 Protel 99SE 与 Altium Designer 软件的差异点。
10-2 简述在 Altium Designer 中导入 Protel 99SE 设计数据文件的方法。
10-3 简述 Altium Designer 的安装步骤。

第11章 绘制温度测量控制板
——基于 Altium Designer

【本章学习目标】

本章主要讲解 Protel 99SE 最新升级版本 Altium Designer 软件的基本应用，通过一个"温度测量控制板"完整的绘制过程，达到以下学习目标。

☆ 了解 Altium Designer 电路板（PCB）设计的新环境；
☆ 掌握 Altium Designer 软件中 PCB 项目创建的基本流程；
☆ 掌握加载元器件库；
☆ 掌握元器件调用和原理图绘制；
☆ 掌握构建及编译完整的 PCB 项目；
☆ 掌握 PCB 板规划和原理设计数据载入；
☆ 掌握元器件布局和标号标注；
☆ 掌握设计规则检测（DRC）和 PCB 布线；
☆ 掌握设计数据发布与管理方法。

11.1 电路及任务分析

11.1.1 电路分析

温度测量控制板由微控制器 PIC16C72-04/SO、二线串行温度传感器 TCN75、稳压芯片 LM317MSTT3 以及 8 字符 2 行液晶显示器 DMC50448N 组成（图 11-1）。电路原理是稳压芯片将 5V 电压转变成 3.3V 电压为电路供电，温度传感器将温度数据通过串行总线传给微控制器，然后再经微控制器处理后，在液晶显示器上显示当前温度值，并实现相应的控制。

11.1.2 任务分析

通过该项目讲解如何使用 Altium Designer 软件绘制电路原理图、把设计信息更新到 PCB 文件中、在 PCB 中布线和生成器件输出文件、介绍工程和集成库的概念以及 3D PCB 开发环境的应用。使学生对比 Protel 99SE 与 Altium Designer 两个软件版本的不同点，从而在 Protel 99SE 学习的基础上，使其今后能更快地熟练使用该软件最新版本 Altium Designer。

【说明】当你从开始菜单选择 Programs » Altium » Altium Designer 运行软件时，实际是运行 DXP.EXE。Altium Designer 下的 DXP 平台可以使各位工程师完成你们的设计，应用接口自动配置合适您的工作的文本。因此，Altium Designer 与 Protel DXP 在操作使用上有很大的相似性，所以若电脑没有安装 Altium Designer 软件，也可以通过 Protel DXP 完成本项目，实现一些 Altium Designer 软件的基本操作训练。

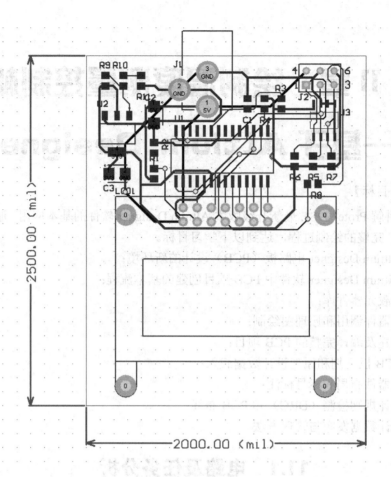

图 11-1　温度测量控制板 PCB 图

11.2　Altium Designer 设计环境

11.2.1　原理图设计编辑界面

原理图编辑器主要由菜单栏、工具栏、编辑窗口、文件标签、面板标签、状态栏和工程面板等组成，如图 11-2 所示。

- 菜单栏：编辑器所有的操作都可以通过菜单命令来完成，菜单中有下划线的字母为热键，大部分带图标的命令在工具栏中都有对应用的图标按钮。
- 工具栏：编辑器工具栏的图标按钮是菜单命令的快捷执行方式，熟悉工具栏图标按钮功能可以提高设计效率。
- 项目面板：已激活的且处于显示状态的面板。
- 已激活面板标签：已激活且处于收缩状态的面板。
- 编辑窗口：各类文件显示的区域，在此区域内可以实现原理图的编辑和绘制。
- 状态栏：主要显示光标的坐标和栅格的大小。
- 命令栏：主要显示当前正在执行的命令。

第 11 章　绘制温度测量控制板——基于 Altium Designer

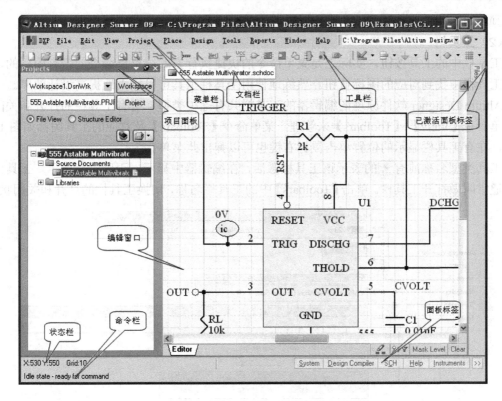

图 11-2　原理图编辑器界面

（1）菜单栏

Altium Designer 的原理图编辑器中有许多菜单栏，如图 11-3 所示。这些菜单是原理图编辑器的一级菜单，它们里面有的还有二级、三级子菜单。下面简要介绍一下常用菜单项的功能，具体功能在以后的章节中用到时再详细介绍。

图 11-3　原理图编辑器的菜单栏

① File 菜单　File 菜单命令主要的功能是进行原理图文件的相关操作，如新建、保存、更名、打开，打印等。

② Edit 菜单　Edit 菜单命令主要用于原理图文件的编辑操作。

③ View 菜单　View 菜单命令的主要功能是管理工具栏、状态栏和命令行是否在编辑器中显示，控制各种工作面板的打开和关闭，设置图纸显示区域。

④ Project 菜单　Project 菜单命令主要涉及项目文件的有关操作，如新建项目文件、编译项目文件等。

⑤ Place 菜单　Place 菜单中的命令与布线（Wiring）工具栏的命令相对应。

⑥ Design 菜单　Design 菜单集中了原理图编辑工程中用到的一些高级编辑工具，如生成项目元件库、更新元件库、模板管理、网络报表生成、材料报表生成等功能。

⑦ Tools 菜单　Tools 菜单是进行原理图设计的工具菜单。

⑧ Reports 菜单　Reports 菜单主要完成元件的统计和报表的生成、输出。

⑨ Window 菜单　Window 菜单主要用于相关的窗口显示控制。

· 203 ·

⑩ Help 菜单 Help 菜单主要为用户提供使用帮助。

（2）工具栏

工具栏中的工具按钮，实际上是菜单命令的快捷执行方式。菜单命令前带有图标的，可以在工具栏中找到对应的图标按钮。熟练地使用工具栏工具可以极大地提高设计效率。

Altium Designer 软件原理图编辑器的工具栏共有七种类型。所有工具栏的打开和关闭都由菜单命令【View】\【Toolbars】来管理。菜单命令【Toolbars】及对应的工具图标如图 11-4 所示，在有工具栏显示的位置单击鼠标右键也可以弹出此菜单。

工具类型名称前有 ✓ 的表示该工具栏激活，在编辑器中显示，否则没有显示。工具栏的激活通常叫做打开工具栏。单击【Toolbars】中的工具栏名称，切换工具栏的打开和关闭状态。

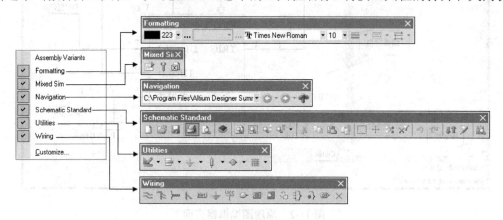

图 11-4 菜单命令【Toolbars】及对应的工具图标

原理图编辑器工具栏中最常用的是原理图标准工具栏 Schematic Standard、布线工具栏 Wiring 和实用工具栏 Utilities。

11.2.2 PCB 板图编辑界面

启动 PCB 编辑器有三种方法，从 Files 面板启动、从主页启动和从主菜单启动。

启动 PCB 编辑器后，将进入如图 11-5 所示的 PCB 编辑界面，PCB 编辑界面主要由菜单栏、工具栏、工作窗口等组成。

① 菜单栏：编辑器所有的操作都可以通过菜单命令来完成，菜单中有下划线的字母为热键，大部分带图标的命令在工具栏中有对应的图标按钮。

② 工具栏：编辑器工具栏的图标按钮是菜单命令的快捷执行方式，熟悉工具栏图标按钮功能可以提高设计效率。

③ 文件栏（文件标签）：激活的每个文件都会在编辑窗口顶部显示相应的文件标签，单击文件标签可以使相应文件处于当前编辑窗口。

④ 项目面板：已激活且处于定位状态的面板。

⑤ 已激活面板标签：已激活且处于收缩状态的面板。

⑥ 工作窗口：各类文件显示的区域，在此区域内可以实现 PCB 板图的编辑和绘制。

⑦ 状态栏：只要显示光标的坐标和栅格大小。

⑧ 命令栏：主要显示当前正在执行的命令。

⑨ 颜色管理：用颜色指示当前层。不同的颜色代表不同的层（用户可设置层颜色）。

⑩ 层集合控制（LS）：设置层的显示方式。
⑪ 层标签：每一层的名称标签。
⑫ 层标签移动按钮：当层标签不能全部显示时，用左右移动按钮可将隐藏的层标签移动到当前界面。

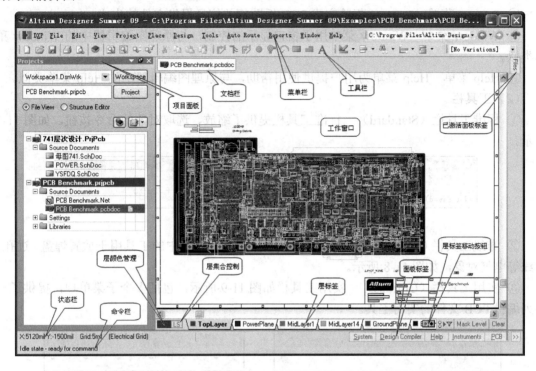

图 11-5　PCB 板图编辑界面

（1）菜单栏

PCB 编辑器的菜单栏位于窗口上方，如图 11-6 所示。

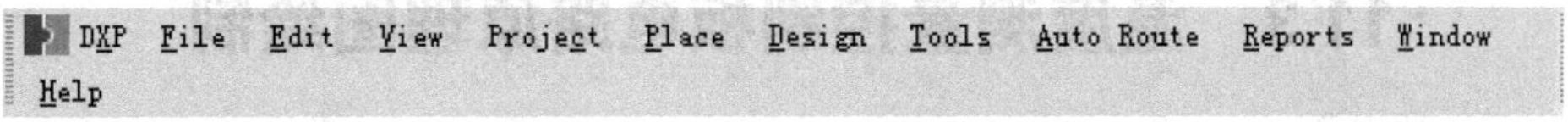

图 11-6　PCB 编辑器的菜单栏

① File 菜单　File 菜单命令主要的功能是进行 PCB 文件的相关操作，如新建、保存、更名、打开，打印等。

② Edit 菜单　Edit 菜单命令主要用于 PCB 文件的编辑操作。

③ View 菜单　View 菜单命令的主要功能是管理工具栏、状态栏和命令行是否在 PCB 编辑器中显示，控制各种工作面板的打开和关闭。

④ Project 菜单　Project 菜单命令主要涉及项目文件的有关操作，如新建项目文件、编译项目文件等。

⑤ Place 菜单　Place 菜单中的命令用于放置 PCB 板图中常用对象，与布线（Wiring）工具栏的命令相对应，将在介绍布线工具栏时详细介绍各项命令的功能。

⑥ Design 菜单　Design 菜单与后面的 Tools 菜单、Reports 菜单，集中了 PCB 编辑过程中用到的一些高级编辑工具，如更新原理图设计同步器功能、导入变化功能、规则设置功能、

规则创建功能、板形设置功能、图层堆栈管理器设置功能、板层和颜色管理功能、板层管理设置功能、生成 PCB 库功能，以及 PCB 环境参数设置。

⑦ Tools 菜单　Tools 菜单是进行 PCB 设计的工具菜单。

⑧ Auto Route 菜单　Auto Route 菜单主要用于自动布线功能。

⑨ Reports 菜单　Reports 菜单完成 PCB 板图相关信息报告文件的生成。

⑩ Window 菜单　Window 菜单用于窗口显示的控制，与原理图编辑器中的 Window 菜单类似。

⑪ Help 菜单　Help 菜单为用户提供使用帮助，与原理图编辑器中的 Help 菜单类似。

(2) **工具栏**

① 标准工具栏（Standard）　标准工具栏提供了缩放、选取对象的命令按钮，如图 11-7 所示。

图 11-7　标准工具栏

② 布线工具栏（Wire）　布线工具栏为布线提供命令，其中的工具用于放置焊盘、过孔、导线等电气对象，如图 11-8 所示。

③ 实用工具栏（Utilities）　实用工具栏如图 11-9 所示，包括多个子菜单项，提供了一系列编辑 PCB 文件的实用工具。

图 11-8　布线工具栏　　　　　　图 11-9　实用工具栏

11.3　温度测量控制板电路原理图绘制

(1) **传统 PCB 设计流程**

- 元器件库设计、管理流程；
- 原理图设计流程及局部电路模块功能仿真；
- PCB 设计流程及板图后期信号完整性（SI）和可靠性分析；
- ECAD – MCAD 设计数据协同验证流程；
- CAM 制造数据输出、校验。

在电子技术高速发展的今天，由于越来越大量的设计信息需要在各个设计流程环节之间相互传递，因此传统的分立式单点电子设计工具将越来越不能满足现代电子产品设计的需求。只有打破数据交换的瓶颈，才能最大限度地发挥电子设计自动化工具的性能，才能体现工具在研发、生产上的优势，从而提升产品的可靠性及生产效率。

(2) **Altium Designer 内的 PCB 设计流程**

Altium Designer 从设计方案制定阶段开始，一直贯穿了元器件库管理——原理图设计——混合电路信号仿真——设计文档版本管理——PCB 版图设计——板图后信号完整性分析——

第 11 章　绘制温度测量控制板——基于 Altium Designer

3D 视图、空间数据检验——CAM 制造数据校验、输出——材料清单管理——设计装配报告。Altium Designer 软件开发采用客户/服务器架构，构架了一个完整的设计数据交换平台 DXP。

11.3.1 创建一个新的 PCB 工程

在 Altium Designer 里，一个工程包括所有文件之间的关联和设计的相关设置。一个工程文件，例如 xxx.PrjPCB，是一个 ASCII 文本文件，它包括工程里的文件和输出的相关设置，例如，打印设置和 CAM 设置。与原理图和目标输出相关联的文件都被加入到工程中，例如 PCB、FPGA、嵌入式（VHDL）和库。当工程被编译的时候，设计校验、仿真同步和比对都将一起进行；与工程无关的文件被称为"Free Files"。当原理图或者 PCB 设计文件将在编译的时候被自动更新。

开始创建一个 PCB 工程步骤如下。

① 选择菜单 **File>>New>>Project>>PCB Project**，或在 **Files** 面板的内 **New** 选项中单击 Blank Project (PCB)。还可以在 Altium Designer 软件 **Home** 主页内 Pick a Task 区域中，选择 Printed Circuit Board Design 链接，并单击 New Blank PCB Project。

② 如图 11-10 所示，在 **Projects** 面板的文件列表栏内，将显示一个不带任何文件。

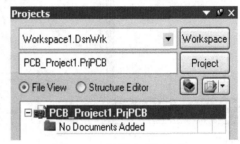

图 11-10　新创建工程文件

③ 重新命名工程文件（用扩展名.PrjPCB），选择 **File>>Save Project As**。保存于您想存储的地方，在 Open 对话窗口内 File Name 编辑栏中输入新建工程名 Temperature Sensor.PrjPCB 并单击 Save 保存。

11.3.2 创建一个新的电气原理图

选择菜单 **File>>New>>Schematic**，或者在 **Files** 面板内 **New** 选项中单击 **Schematic Sheet** 命令。设计窗口中将出现一个命名为 Sheet1.SchDoc 的新建空白原理图并且该原理图将被自动添加到工程当中，同时，位于工程文件名的 Source Documents 目录下，如图 11-11 所示。

（1）加载元器件库

温度测量控制板所用元器件如表 11-1 所列。

表 11-1　温度测量控制板所需元器件列表

元器件序号	封装名称	所属库
J1	PWR2.5	自己创建库 Temperature Sensor.PcbLib（该库由项目资料提供）
J2	HDR2×3_CEN	Miscellaneous Connectors.IntLib
R1-R11	2012[0805]	Miscellaneous Devices.IntLib
C1	2012[0805]	Miscellaneous Devices.IntLib
C2、C3	MCCT-B	自己创建库 Temperature Sensor.PcbLib
U1	SOIC300-28_N	Microchip Microcontroller 8-Bit PIC16 2.IntLib（该库由项目资料提供）
U2	318E-04	ON Semi Power Mgt Voltage Regulator.IntLib
U3	SOIC8_L	Altera Footprints.PcbLib
LCD1	LCD-50448N	自己创建库 Temperature Sensor.PcbLib（该库由项目资料提供）

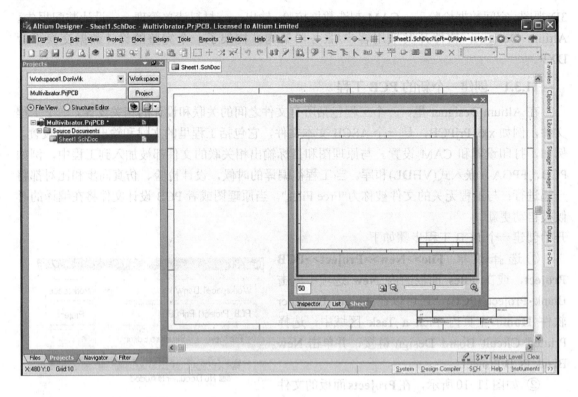

图 11-11 新建电路原理图

（2）当所需库已知的情况下查找元器件

按下列步骤加载 PIC 微控制器库。

① 选择菜单 View>>Workspace Panels>>System>>Libraries，则在工作区底部或右侧显示 Libraries 库按钮，双击库按钮来显示 Libraries 面板，如图 11-12 所示。

② 在库面板上点击库按钮（Library…）来显示可用器件库对话框，如图 11-13 所示。

③ 点击安装（Install…）按钮，然后定位到练习指定目录\\Temperature Sensor \，选择并加载 Microchip Microcontroller 8-Bit PIC16 2.IntLib，如图 11-14 所示。

④ 点击"CLOSE"关闭可用库对话框，然后在库面板上的 Microchip Microcontroller 8-Bit PIC162.IntLib 集成库中，查找并确认包括一个 PIC16C72-04/SO。

【注意】集成库 Microchip Microcontroller 8-Bit PIC16 2.IntLib 在 Altium Designer 软件并不在自带的库中。

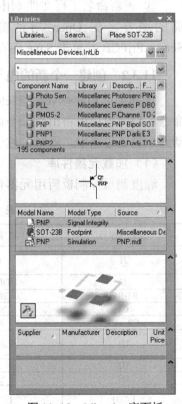

图 11-12 Libraries 库面板

图 11-13 可用器件库对话框

图 11-14 定位到器件库所在目录

（3）当库未知的情况下查找元器件

查找器件可以使用"Search"搜索按钮或者菜单 Tools» Find Component 来查找。点击库面板上点击"Search"按钮，然后弹出库查找对话框，如图 11-15 所示。

① 在库路径上设定范围，设置路径 C:\Program Files\Altium Designer\Library（包含子目录选项在内）。

② 在该项目的设计中电源使用 LM317MSTT3 调整器。若要在提供的库中搜索一个适当的器件，在搜索字段对话框中，名字的值（Value）区域键入字符串 LM317 并选择包含（contains）该字段，单击搜索按钮，如图 11-15 所示。

③ 注意当前搜索的库列在库面板中，它取决于 PC 机的速度，需要花几分钟来搜索。

④ 搜索结果在集成库 ON Semi Power Mgt Voltage Regulator.IntLib 中包含器件，确认器件 LM317MSTT3 在列表中。

⑤ 加载此库并使元件可用，可以在结果列表中右键单击并选择 Add or Remove Libraries（这只是打开可用的库对话框），或者在列表中双击元件名来放置（如果是错误的工作表，则可以轻松地删除它），确认后对话框将出现，可以选择安装库。

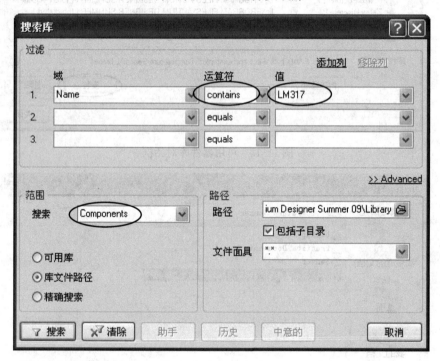

图 11-15　库查找对话框

（4）**在打开的元件库中查找元器件**

① 在库面板中选择集成库 Miscellaneous Devices.IntLib，此库是安装该软件时，默认安装的两个 PCB 库之一。它包括多种离散器件，如：电阻、电容、二极管等。

② 在筛选字段里键入 cap，注意只有电容类型的器件罗列出来。

③ 尝试筛选字段中输入 diode，现在列出的只是器件开头字符串为 diode 的二极管的器件。

④ 现在尝试键入"*diode"，这次列出来的就是字符串中含有"*diode"的器件。

11.3.3 设置原理图选项

① 从系统编辑菜单中选择 Design>>Document Options，文档选项设置对话框就会出现。通过向导设置，现在只需要将图表的尺寸设置唯一改变的设置只有将图层的大小设置为 A4。

在 Sheet Options 选项中，找到 Standard Styles 选项。点击到下一步将会列出许多图表层格式；如图 11-16 所示。

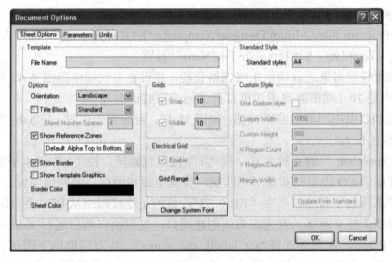

图 11-16 文档选项设置对话框

② 选择 A4 格式，并且点击 OK，关闭对话框并且更新图表层大小尺寸。

③ 重新让文档适合显示的大小，可以通过在中选择 **View>>Fit Document**。也可以快捷功能组合按键 **V+ F**，调整原理图到适当视图尺寸。

（1）放置元件并绘制原理图

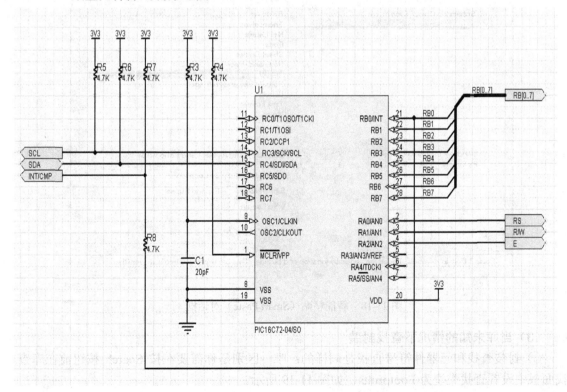

图 11-17 PIC 微控制器电路原理图

(2)绘制原理图

① 在"Projects"面板下右键点击新的原理图文件,然后从弹出的菜单里选择"Save As"。在项目文件夹下把原理图保存为"MCU.SchDoc"。

② 在"\Program Files\Altium Designer\Templates "的文件夹下选择" A4 "大小的模板,通过菜单"Design » Template » Set Template File Name "设置。

③ 在放置任何对象之前确保电气栅格使能,并设置电气栅格范围是4,确保捕捉栅格使能并设置大小是10(双击原理图边框打开文档选项对话框)。

④ 绘制 PIC 微控制器电路原理图,如图 11-17。当放置元件时,按"tab "键定义元件标号和注释(元件的值)。

⑤ 按"spacebar "键旋转元件,按"Y"键垂直翻转,按"X"键水平旋转。

⑥ 设置端口 I/O 类型与其显示相匹配,设置电源和地端口的网络属性。

⑦ 设置总线名字和端口名字"RB[0..7]",目的是连接网络从 RB0 到 RB7 到总线上。

⑧ 在总线上建立网络,首先在右面创建端口,复制端口然后运行"Edit » Smart Paste"。从左面选择"Ports",在右面选择"net labels and wires"。在对话框的下面部分选择信号名字"expand buses",你也可以设置合适的线长,如图 11-18。注意间距以及导线是以目前的栅格设置 10,以便导线和网络标号连接到元件的管脚。

⑨ 在文档选项对话框的参数标签里输入必要的文档信息,比如输入标题"PIC 微控制器"。

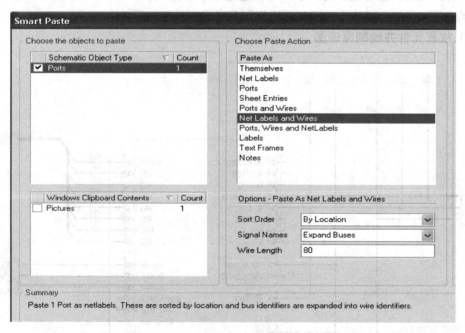

图 11-18 智能粘贴(Smart Paste)对话框

(3)当库未知的情况下查找封装

① 封装查找和元器件符号查找是同样的:唯一区别是你需要在按 Search 按钮前在库查找面板中设置查找类型为 Footprints,如图 11-19 所示。

② 设置查找路径为 C:\Program Files\Altium Designer\Library。

第 11 章 绘制温度测量控制板——基于 Altium Designer

③ 键入字符串"0805",然后点击查找,查找结果显示包含一些库。

④ 在查询结果中双击其中一个 2012[0805]的封装,若包含该封装的库未安装,会出现一个对话框,点击"YES"安装该库。

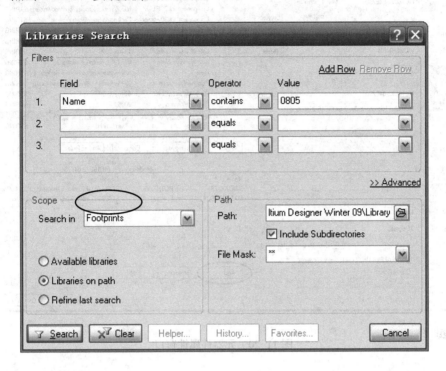

图 11-19 器件封装查找

(4)给元器件添加封装

在绘制原理图时,元器件属性设置中一项很重要的工作就是设置封装(Footprints),设置步骤如下。

① 已知该封装所在库的位置

a. 双击某一元器件,弹出元器件属性窗口,如图 11-20 所示。

b. 点击下方"Add..."按钮,并选择模型类型为 Footprint。

c. 弹出 PCB 元件模型窗口,点击"Browse"浏览按钮,弹出封装库浏览窗口,如图 11-21 所示。然后点击"..."按钮,弹出可用库窗口,如图 11-22 所示。

d. 然后在可用库窗口下方点击(Install...)安装按钮,根据 Temperature Sensor.PcbLib 元件封装库的位置设置路经,并安装该库,如图 11-23 所示。

e. 元件封装库位置根据本书提供资料的具体位置确定。

f. 回到封装库浏览窗口,选择 Temperature Sensor.PcbLib,在该库中选择贴片电容自定义封装 MCCT-B,如图 11-23 所示。

② 未知该封装所在库的位置。若不知元件封装的位置,但知道元件封装的名称,可以在封装库浏览窗口,如图 11-24 所示,点击 Find 按钮,查找并添加包含该封装的库,并添加该封装。过程与(1)类似,此处简略。

·213·

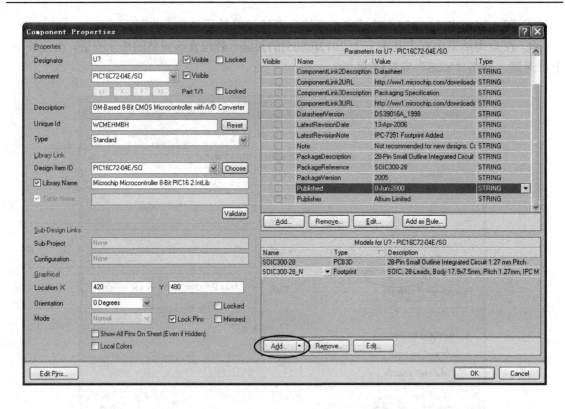

图 11-20　元器件属性窗口

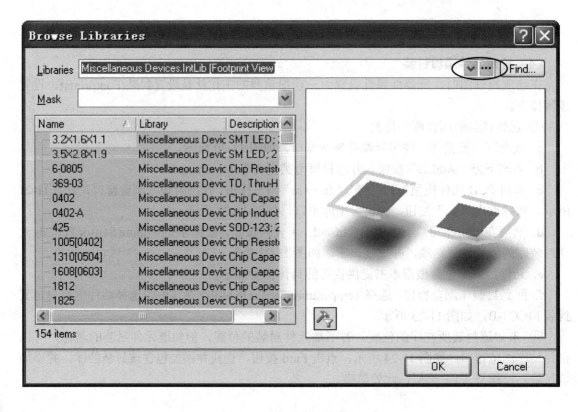

图 11-21　封装库浏览窗口

第 11 章　绘制温度测量控制板——基于 Altium Designer

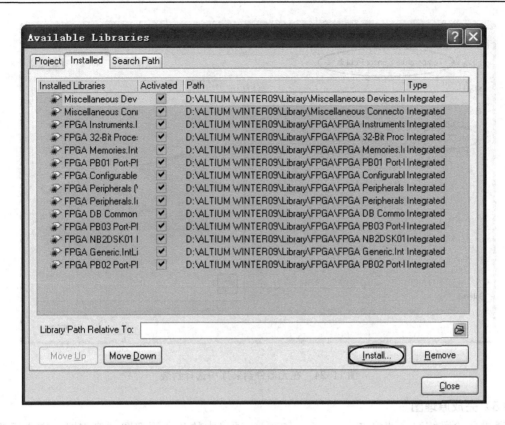

图 11-22　可用库窗口

图 11-23　根据元器件封装库的位置路径选择库

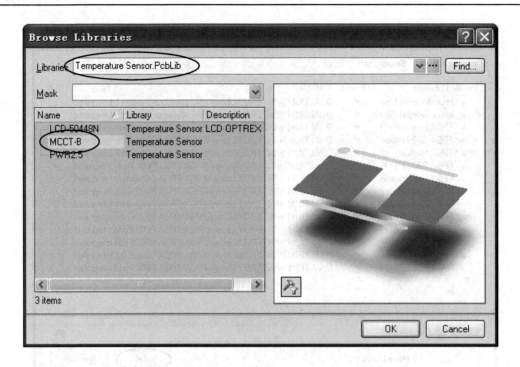

图 11-24 在元器件封装库中选择封装

（5）完成原理图

通过此阶段练习，请将 Temperature Sensor 项目中的几个原理图创建完毕，完成后的项目结构图如图 11-25 所示。

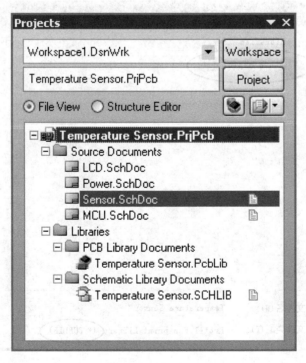

图 11-25 项目结构图

① 在前面的练习中,仅仅完成了 MCU.SchDoc 文档的设计。这里请再创建名为 Sensor.SchDoc 的原理图文档。

② 对创建好的名为 Sensor.SchDoc 的原理图进行设计。添加端口、电源端口并用导线完成连接,结果如图 11-26 所示。

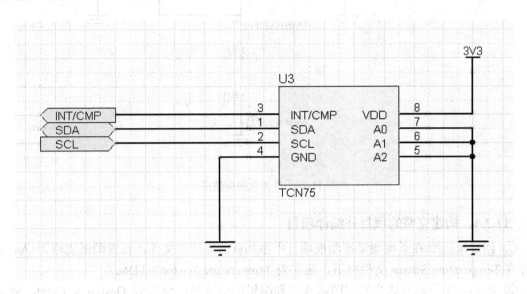

图 11-26 温度传感器电路原理图

③ 保存并关闭"Sensor.SchDoc"。并新建 LCD.SchDoc(见图 11-27),完成原理图设计,并保存。

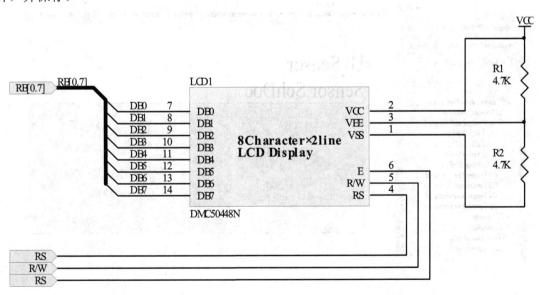

图 11-27 液晶显示电路原理图

④ 新建 Power.SchDoc(见图 11-28),完成原理图设计,并保存。

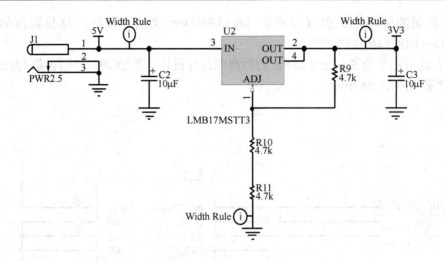

图 11-28 电源电路原理图

11.3.4 构建完整的项目并编译项目

① 创建顶层图,在温度测量控制板项目中添加新的原理图文件,设置图纸规格为 A4 并保存在 Temperature Sensor 文件夹下,名字为 Temperature Sensor.SchDoc。

② 我们不用手动方式为底层图纸放置和编辑图纸符号,而选用 Design » Create Sheet Symbol from Sheet or HDL 命令。从菜单中选择这项。

③ 在 Choose Document to Place 对话框中,选择 Sensor.SchDoc。

④ 图纸符号将以浮动光标形式出现,在图的合理位置放置图纸符号,如图 11-29。

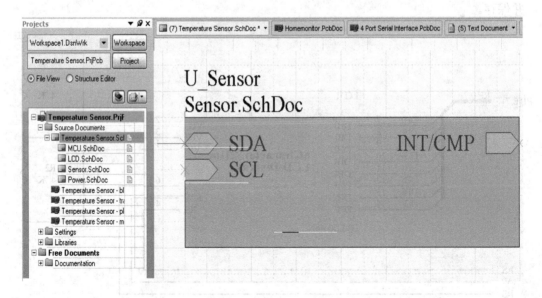

图 11-29 自动生成温度传感器方块电路及端口

⑤ 注意到两个图纸接入点在方框图左侧,这是因为依据它们的 I/O 类型放置的,输入及双向点在左边,输出点在右边。拖动左边的两个点到右边。

⑥ 关于图纸接入的另外一个重点就是，除非你在 Preferences（参数设置）中的 Schematic tab 对话框中把 auto sheet entry direction（自动图纸入口指向)选项激活，否则它们的 i/o 类型就是它们模式（它们的指向）的独立标志。当在左侧的时候 SCL sheet entry 是指向内部的，当它在右侧的时候，并且 sheet entry direction 选项没有被选中的情况下，它是指向外部的。打开 Preferences（参数设置）对话框确定这个选项是激活的。

⑦ 重复上述步骤分别为 MCU, LCD and Power 子原理图创建图纸符号。

⑧ 放置连接器 J1，它是一个 Header 3X2A，你可以在 Miscellaneous Connectors.IntLib（默认状态下安装的两个集成库之一）中找到。

⑨ 连接顶层原理图，如图 11-30。

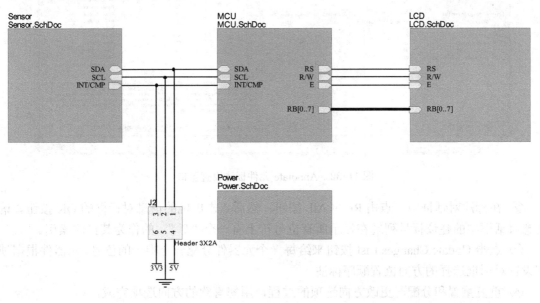

图 11-30 温度测量控制板顶层原理图

⑩ 编译这个工程，选择 Projects » Compile PCB Project Temperature Sensor.PrjPcb。确保你所运行的编译是正确的，因为在工程菜单中有两个编译文件。一个编译的焦点是现行的原理图文件，另外一个编译的是整个工程。我们需要的是编译整个工程。一旦编译完成，项目的层次结构将在 Projects 面板上展现出来，如图 11-31。

⑪ 保存工程（在 project 面板上右击这个工程）

⑫ 设计现在已经完成了，但是在被转到 PCB 板上之前还有几个工作要做，包括：
- 在层次表上为每一个图表指定一个图纸编号；
- 分配位号；
- 检查设计错误。

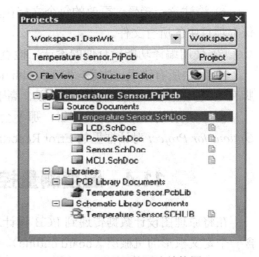

图 11-31 项目的层次结构图

11.3.5 元件标注及错误检查

① 在主菜单选择 Tools » Annotate Schematics 命令,弹出 Annotate 设置窗口,如图 11-32 所示。

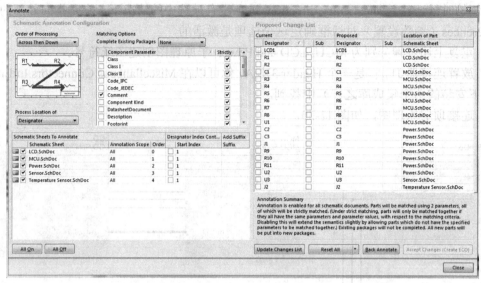

图 11-32 Annotate 元件标注设置窗口

② 在标注对话框中,点击 Reset All 按钮,然后点击出现的信息对话框的 OK 按钮。请注意对话框中的建议标号列现在显示所有位号符上有一个"?" 的作为其批注索引。

③ 点击 Update Changes List 按钮来给每一个元器件分配一个唯一的位号,元器件根据顶部设置对话框选择的方向位置顺序标注。

④ 重复重置和分配、更改方向选项的过程,用您喜欢的方向选项完成。

⑤ 在 Annotate 设置窗口中,提交更改并更新元器件,点击 Accept Changes 按钮生成 ECO。在 ECO 对话框点击 Execute Changes,然后关闭 ECO 和标注对话框。

⑥ 请注意,接受过更改的每个文档在其窗口顶部的文档选项卡上的名称旁边有一个 *,保存项目中的所有文件。

⑦ 使用编译功能检查你的设计,检查所有的错误或警告。

⑧ 解决所有错误。注意,"Nets with no driving source"报告任何一条不包含至少一个管脚有电气类型为:输入、输出、开极、高阻、发射极或电源的网络。

⑨ 如果你有一些余留的警告,那不会影响你的设计,你可以直接忽略它们或是考虑在 Options for Project 对话框里的 Error Reporting 标签上,把警告类型转成 No Report。

11.4 温度测量控制板电路 PCB 板绘制

在将原理图设计数据传递到 PCB 设计之前,需要创建一个新的 PCB 文件,其中至少包含一个定义板形的机械层(board outline)。

(1)利用 PCB 向导工具创建新的 PCB 文件

① 打开的 PCB Board Wizard 向导窗口(如图 11-33 所示)。

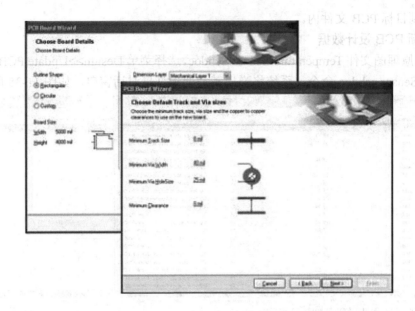

图 11-33　PCB Board Wizard 向导窗口

② 设置单位标尺，公制（Metric）或英制（Imperial），例如 1000mil = 1 英寸。

③ 从自定义板和模板选择列表中选择自定义板（Custom），单击下一步继续。

④ 输入自定义板的参数。本例中设置板尺寸为 2 × 2.5 英寸的矩形板，分别在 Width 编辑栏中输入数值 2000，在 Height 编辑栏输入数值 2500，并取消选择 Title Block & Scale、Legend String 和 Dimension Lines 参数复选选项，单击下一步继续。

⑤ 通过 PCB Board Wizard 完成 PCB 板的创建（图 11-34）。

⑥ 选择菜单 File>>Save As 命令，PCB 文件定义为 Temperature Sensor.pcbdoc。

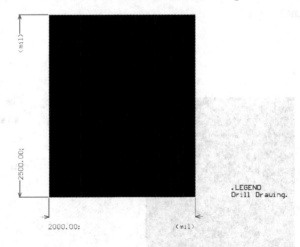

图 11-34　创建完成的 PCB 板尺寸

（2）导入设计

在将原理图的信息导入到新的 PCB 之前，请确保所有设计中被调用的元器件库均被安装到元器件库列表内。如果工程已经编译并且原理图没有任何错误，则可以使用 Update PCB 命令来产生 ECOs（Engineering Change Orders 工程变更订单命令），它将把原理图的电气设计信息导入到目标 PCB 文件内。

(3) 更新 PCB 设计数据

① 打开原理图文件 Temperature Sensor.Schdoc。选择菜单 Design>>Update PCB Document Temperature Sensor.pcbdoc 命令，系统将弹出工程变更订单对话窗口，如图 11-35 所示。

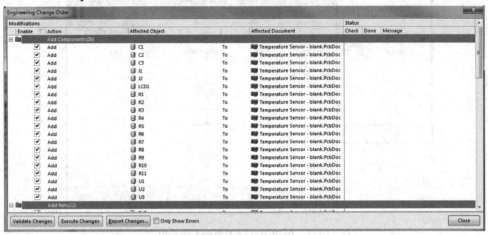

图 11-35　工程变更订单对话窗口

② 点击 Validate Changes（变更检查）命令按钮，如果 Status（状态）列表栏中显示绿色标记表示数据正确；而红色标记表示数据错误，则需要更正设计中存在的错误。

③ 点击 Execute Changes（执行变更）命令按钮，将原理图的电气设计信息导入到目标 PCB 文件内。

④ 单击 Close（关闭）命令按钮，目标 PCB 文件将被打开，并且显示导入到 PCB 文件内的元器件封装图形，如图 11-36 所示。如果需要浏览 PCB 文件全貌，请使用组合快捷键 V+D（View>>Document）。

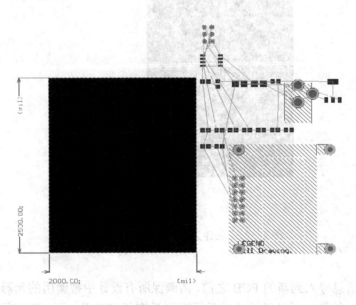

图 11-36　导入元器件封装

11.4.1 印刷电路板（PCB）的设计

（1）设置 PCB 工作环境

在开始元器件布局之前，还需要设置 PCB 工作环境。如栅格参数、层栈定义以及设计规则约束等。**Altium Designer** 的 PCB 编辑器支持二维及三维 PCB 版图视图模式，二维视图模式是一个多层的、理想的普通 PCB 电路设计的环境，如放置元器件和网络连线；三维模式对检验设计的工艺及结构特性非常有效 。可以简单地选择菜单 **File>>Switch To 3D** 或者 **File>>Switch To 2D** 命令，以及快捷命令键，数字 2 字符按键（二维模式）或者数字 3 字符按键（三维模式），完成 PCB 版图视图模式切换。

（2）设置图形栅格

在 PCB 环境参数设置需要设定图形栅格参数，也称为 **snap grid** 捕获栅格，用于设置布局时元器件摆放的参考图形化网格密度。通常设定 snap grid 尺寸为最小间距的公分子，由于本例电路将使用最小的针脚间距为 100mil 的国际标准元器件，因此可设置 **Snap grid** 的值可以是 50mil 或 25mil。

【小贴士】 Altium Designer 的 3D 图形处理性能，需要设计者的电脑配备有可以支持 DirectX 9.0c 和 Shader Model 3 模式或更高版本的图形处理卡。如果不能运行 DirectX，用户将被限制使用三维图形处理功能。

（3）PCB 设计文件内三种类型的层栈

View Configurations 对话窗口内可以定义 PCB 版图设计的二维及三维视图显示参数，执行 PCB 文件保存命令时，最近一次设定的 View Configurations 对话窗口内的参数定义将被同时保存。

① **Electrical layers**（电气信号层）—— 最大支持 32 个信号布线层和 32 个内电源层定义，选择菜单 **Design>>Layer Stack Manager** 命令，在 **Layer Stack Manager**（层栈管理器）对话窗口内可以编辑 PCB 文件的层栈定义，如添加或移除层定义。

② **Mechanical layers**（机械数据层）—— 最大支持 32 个机械数据层定义，包括结构工艺的细节或任何其他机械设计的细节要求。

③ **Special layers**（特殊数据层）—— 包括顶部和底部的丝网印刷层、阻焊接层和粘贴层的蒙版层锡膏层、钻孔层、**Keep-Out** 层（用来界定电气界限的），多综合层（用于多层焊盘和过孔） ，连接层、DRC 错误层、栅格层和过孔洞层。

（4）Layer Stack Manager（层栈管理器）

本例将演示一个简单的 PCB 版图设计过程，只用到了单面或双面信号布线层。如果设计较为复杂，用户可以通过 **Layer Stack Manager** 对话窗口来添加更多的层定义。

① 选择菜单 **Design>>Layer Stack Manager** 命令，或组合快捷命令键: **D+K**，打开层栈管理器对话窗口，如图 11-37 所示。

② 添加新的信号层，需要先选择被添加的信号层位于某一层之下，然后点击 **Add Layer** 或 **Add Plane** 命令按钮，分别添加信号布线层或内电源层。而层电气属性，如铜的厚度和介电系数的定义，则被用于信号完整性分析。

电子 CAD——Protel 99SE

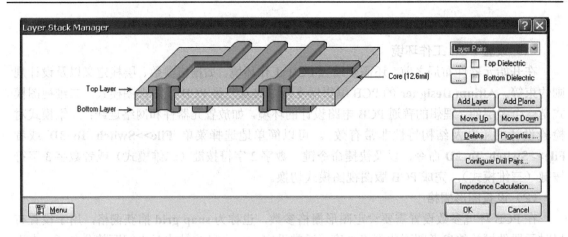

图 11-37 层堆栈管理

（5）规则定义

Altium Designer 的 PCB 编辑器是一个基于规则约束的电子设计环境，在设计的过程中，如网络布线、元器件布局，抑或执行自动布线器，系统将会监视每一步操作，并检查设计数据是否完全符合设计规则的约束条件。如果不符合，则会立即出现警告提示。

规则约束共分为 10 类，其中主要包括电气特性、布线模式、工艺要求、元器件布局和信号完整性等规则。

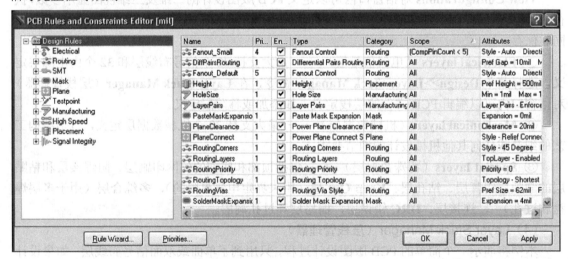

图 11-38 设计规则定义

通过电源线线宽规则的定义，演示设计规则的定义过程。

① 在 PCB 编辑环境下，选择菜单 **Design>>Rules** 命令；

② 如图 11-38 所示，打开 **PCB** 规则和约束编辑器对话窗口。在窗口左侧的目录树列表区内将显示所有的规则类型。展开 **Routing** 选项后，双击 **Width** 命令，显示宽度规则定义页面；

③ 设置 Constraints 区域的布线线宽值，包括最小/优选/最大线宽数值（图 11-39）；

④ 添加新的 12V 和 GND 网络线宽规则（宽度 = 25mil）。

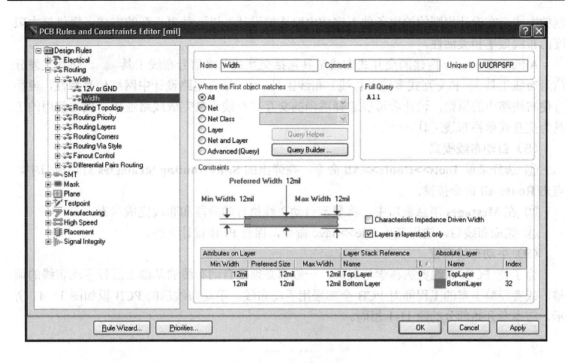

图 11-39　设置线宽规则

（6）元器件布局

① 通过组合快捷命令按键：V+D，调整到合适的 PCB 视图尺寸；

② 鼠标移动到元器件"1"封装图形之上，点击并按住鼠标左键；光标将变成十字交叉准线模式并跳转到元器件的中心原点上，移动鼠标将拖动选定的元器件；

③ 参照图 11-40 所示，逐一摆放所有元器件封装图形。在元器件被移动时，焊盘连接的飞线随着元件一起移动；

④ 在移动元器件时，还可使用空格按键改变元器件的放置方向（每次向逆时针方向转 90°）；

⑤ 元器件的文字丝印标号也可以通过类似的方式重新摆放。

（7）交互式布线模式

布线即在 PCB 版图中通过连接网络线和放置过孔等操作完成零件的连接过程。按照布线实现的模式，还可以划分为交互式布线和自动布线两种模式。交互式布线工具允许设计者通过手工控

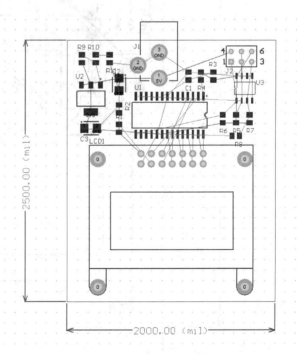

图 11-40　元器件布局

制的方式，在设计规则的约束条件下完成电路连接设计，以一种更直观的方式，提供最大限度的布线效率和灵活性。

Altium Designer 内建的交互式布线工具包括交互式单路信号布线工具 、交互式差分信号布线工具 和交互式多路（总线）布线工具 。结合电路设计中网络信号特性，遵循方便布线路由的原则，设计者可以选择适当的交互式布线工具完成线路连接，最常使用的工具为交互式单路布线工具。

（8）**自动布线模式**

① 选择菜单 **Tools>>Route>>All** 命令，在弹出的 **Situs Routing Strategies** 对话窗口中，点击 **Route All** 命令按键；

② 在 **Messages** 消息窗口中，将显示自动布线执行的阶段和布线完成状态；

③ 完成布线后，选择菜单 File>>Save 命令，保存 PCB 设计文件。

（9）**手动布线调整**

为了使 PCB 布线更加科学与美观，一般都必须在自动布线的基础上进行手动布线的调整，或者经验丰富的工程师对 PCB 全部采用手动布线。手动布线后的 PCB 板如图 11-41 所示，与本章开始部分的图 11-1 相同。

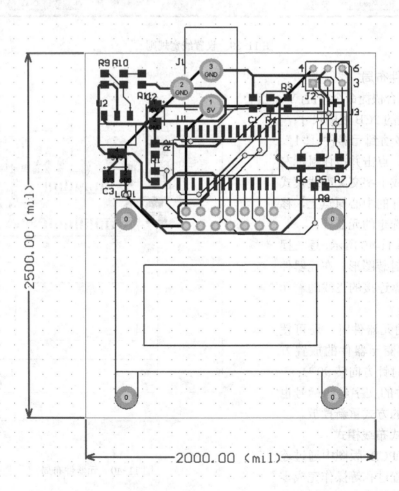

图 11-41　手动布线的 PCB 图

（10）学生手动布线训练参考图纸

为了使学生提高手动布线的能力，将原 PCB 图分解为顶层布线图和底层布线图，便于学生看清走线情况，实施手动布线。学生可以参考图 11-42、图 11-43 自己完成手动布线，从而体会手动布线的特点与方法，提高布线能力。

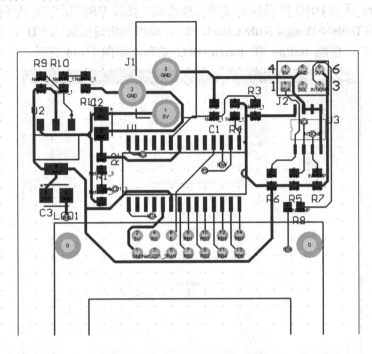

图 11-42　PCB 板顶层布线图

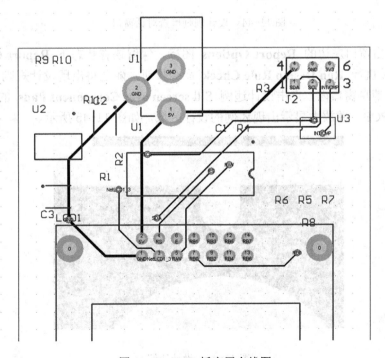

图 11-43　PCB 板底层布线图

11.4.2 电路板设计数据校验

1）设计规则检查 —— 二维视图模式

① 选择菜单 Design>>Board Layers & Colors 命令，或快捷按键：L，并确认复选项 **Show** 及 **System Colors** 区的 **DRC** 错误标记选项已被选取，这样 **DRC** 错误标记将被显示。

② 选择菜单 **Tools>>Design Rule Check** 命令，或组合快捷按键：**T+D**，打开 **Design Rule Checker** 对话窗口，使能 **online** 和 **batch DRC** 选项，如图 11-44 所示。

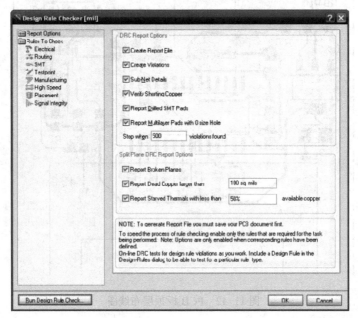

图 11-44　设计规则检查对话窗口

③ 鼠标点击窗口左边的 **Report Options** 图标，保留缺省状态下 **Report Options** 区域的所有选项，并执行 **Run Design Rule Check** 命令按钮，随之将出现设计规则检测报告；

④ 在弹出消息窗口内，点击设计违例 **Silkscreen over Component Pads** 的任一条记录，用户将跳转到 PCB，并放大显示出现违例的设计区域，如图 11-45 所示。

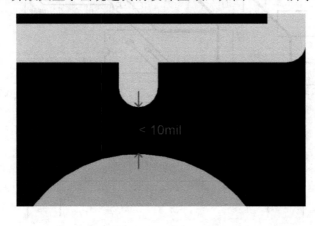

图 11-45　设计违例

2) 设计规则检查 —— 三维视图模式

在三维视图模式下，可以帮助设计者从空间中任何角度观察电路板的设计。将视图切换到三维模式，只需选择菜单 **View>>Switch To 3D** 命令，或按数字键:: 3。

【小贴示】Altium Designer 的 3D 图形处理功能需要电脑安装有支持 DirectX 9.0c 和 Shader Model 3 模式或更高版本的图形处理卡。如需要了解当前使用的系统是否符合性能要求，可以在 Preferences 对话窗口，利用 PCB Editor-Display 页面的 DirectX 兼容性检测功能；

（1）三维视图模式下操作功能

① 视图缩放——按 **Ctrl**+鼠标滚轮，或 **PAGE UP / PAGE DOWN** 键；
② 视图平移——按 **SHIFT**+鼠标滚轮；
③ 视图旋转——按住 **SHIFT** 键进入 3D 旋转模式，如图 11-46 所示。
◇ 用鼠标右键拖曳圆盘 Center Dot，任意方向旋转视图；
◇ 用鼠标右键拖曳圆盘 Horizontal Arrow，关于 Y 轴旋转视图；
◇ 用鼠标右键拖曳圆盘 Vertical Arrow，关于 X 轴旋转视图；
◇ 用鼠标右键拖曳圆盘 Circle Segment，在 Y-plane 中旋转视图。

图 11-46 视图 3D 旋转模式

（2）创建或导入元器件的 3D 模型

元器件 3D 模型可以被存储在封装库中，在三维视图模式下，系统将自动调用器件对应的 3D 模型用于在 3D 环境下渲染该元件。此外，精确的元器件间隙检查、甚至是装配整个 PCB 和外部的自由浮动的 3D 机械物体外壳都是可能的。Altium Designer 将一体化电子产品设计技术发展到一个新的高度，通过支持 STEP 模型标准，与 MCAD 工具真正实现了在 3D 模型数据上的共享。

现在，PCB 版图设计已经完成，接下来还需要输出制造数据文档。

11.4.3 输出制造文件

Altium Designer 一体化设计平台提供了丰富的制造数据输出功能，由于在 PCB 制造过程中存在数据格式转换输出、元器件采购、电路板测试、元器件装配等多个环节，因此，需要电子设计自动化（EDA）工具必须具备产生多种不同用途文件格式的能力。
（1）输出装配数据
① 元器件装配图 —— 打印电路板两面装配的元器件位置和原点信息；
② Pick&Place File —— 用于控制机械手攫取元器件并摆放到电路板的数据文本。
（2）输出设计文档
① 层复合格式绘图 —— 控制打印视图中显示的层组合模式；
② 三维视图打印 —— 打印输出电路板三维视图；
③ 原理图打印输出 —— 输出原理图设计图纸；
④ PCB 版图打印输出 ——输出 PCB 版图设计图纸。
（3）输出制造数据
① 绘制复合钻孔数据设计 ——在一张图纸中绘制出机械板形和钻孔位置、尺寸信息；
② 绘制钻孔图/生成钻孔数据文件向导 —— 在多张图纸上，分别绘制出不同钻孔信息的位置和尺寸；
③ **Gerber Files** —— 产生 Gerber 格式的 CAM 数据文件；
④ **NC Drill Files** —— 创建能被数控钻孔机读取的数据文本；
⑤ **ODB++ Files** —— 产生 ODB++ 数据库格式的 CAM 数据文件；
⑥ **Power-Plane Prints** —— 创建内电源层和分割内电源层数据图纸；
⑦ **Solder/Paste Mask Prints** —— 创建阻焊层和锡膏层数据图纸；
⑧ **Test Point Report** —— 创建多种格式的测试点数据报告。
（4）输出网表数据
① EDIF 格式网表；
② PCAD 格式网表；
③ Protel 格式网表；
④ SIMetrix 格式网表；
⑤ SIMPLIS 格式网表；
⑥ Verilog 文件网表；
⑦ VHDL 文件网表；
⑧ 符合 XSpice 标准网表。
（5）输出设计报告
① 材料清单 ——列印出设计中调用的零件清单；
② 元器件交叉参考报告 —— 在现有原理图的基础上，创建一个组件的列表；
③ 项目源文件层次报告 —— 创建一个源文件的清单；
④ 单个引脚网络报告 —— 创建一个只有一个引脚网络连接的报告；
⑤ 简单 BOM —— 创建一个简化版 BOM 文件。

【注意】Altium Designer 内建 Output Job Files 的输出数据队列管理功能，可以统一管理各种类型的输出文件。

（6）生成 Gerber 格式的制造数据文件
选择菜单 **File>>Fabrication Outputs>>Gerber Files** 命令，打开 **Gerber Setup** 对话窗口，生成 Gerber 格式的制造数据文件。

（7）生成元器件清单

① 选择菜单 **Reports>>Bill of Materials** 命令，打开 **Bill of Materials for PCB Document** 对话窗，如图 11-47 所示。

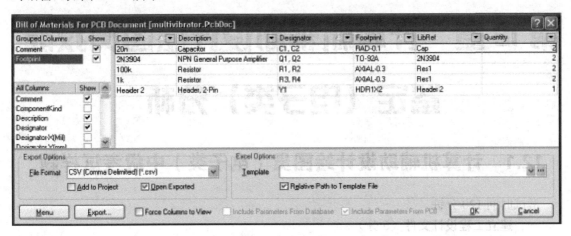

图 11-47　材料清单

② 在 **All Column** 选项编辑区域内，选择需要要输出到报告中元器件属性列的名称，选中 **Show** 复选框。

③ 将设定为分组类型的属性列拖入 **Grouped Columns** 选项编辑区，用于在材料清单中按设置的类型划分元件组。如，若要以封装名称分组，在 **All Columns** 中选择 **Footprint**，并拖曳到 **Grouped Columns**。

④ 在 **Export Option** 属性区，设置 BOM 文件的输出格式，如"CSV"代表输出文件的格式为 CSV 浏览器编辑格式。

至此，我们已经完成了一个简单的电路设计全过程。

本章小结

本章只为用户介绍了一些 Altium Designer 的基础功能。从中可以掌握绘制电路原理图，设计 PCB 和布线等设计技巧。当用户深入探索 Altium Designer 的时候，用户会发现它丰富的功能，使您的设计生活变得更轻松。

随着逻辑转换和设计时钟速度的提高，高质量的数字信号变得越来越重要。Altium Designer 也提供了信号完整性分析工具，能基于所提供的 **IBIS** 模型准确地分析 PCB 版图中信号的完整性特性。如阻抗、过冲、下冲以及飞升斜率等。

第12章 计算机辅助设计绘图员技能鉴定（电子类）分析

12.1 计算机辅助设计绘图员（电子类）中级考试样题

考试时间 120 分钟

一、建立工程设计文件（5分）

在本考场指定盘符下，新建一个以学号后三位取名的文件夹。

在上述新建的文件夹中建立一个以考生姓名的拼音首位字母命名的工程设计文件（数据库）。如"孙燕"，命名为 SY.ddb"。

二、建立原理图文件（8分）

在第一题所建立的工程设计文件(XXX.ddb)的 Documents 下新建一个原理图文件，取名为"YF.sch"。

文件设置：图纸大小为 A4，捕捉栅格 5mil，可视栅格为 10mil；

系统字体为宋体、字号 12；标题栏格式为 Standard；

用"特殊字符串"设置标题为"运算放大器电路原理图"；

用"特殊字符串"设置制图者为考生姓名（汉字）。

三、原理图库操作（10分）

1. 在第一题中建立的工程设计文件的 Documents 下新建一个原理图库文件，命名为"X3-20.lib"。

2. 在"X3-20.lib"中建立图 12-1 所示的新元件，命名为 X3-20。

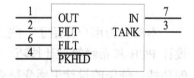

图 12-1 新元件 X3-20

四、原理图的绘制（15分）

在第一题中建立的工程设计文件的 Documents 下导入素材库中 Unit3\Y3-17.sch 文件，并改名为"X4-17.sch"。

要求：按图 12-2 绘制原理图并保存。

所有元件名称的字体为 Arial Narrow、大小为 11；

所有元件类型的字体为 Arial Narrow、大小为 10；

输入文本"MY SCH317"字体为 Arial Narrow、大小为 20。

五、检查原理图（8分）

在第一题建立的工程设计文件的 Documents 下导入素材库中 Unit4\Y4-03.sch 文件，并改名为"X5-03.sch"，对该图进行电气规则（ERC）检查。

1. 针对检查报告中的错误修改原理图，直到无错误为止。

2. 将最终的电气规则检查文件保存到工程设计文件的 Documents 中命名为 X5-03.erc。

第 12 章 计算机辅助设计绘图员技能鉴定（电子类）分析

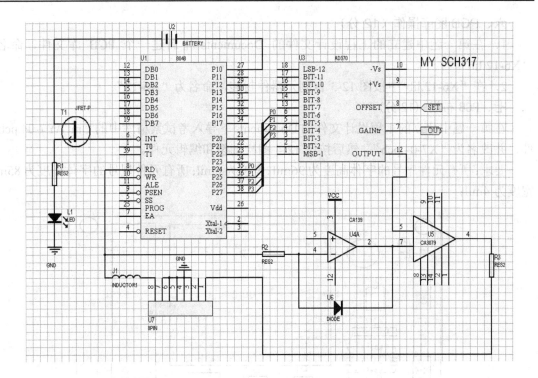

图 12-2　X4-17.sch

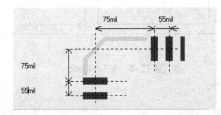

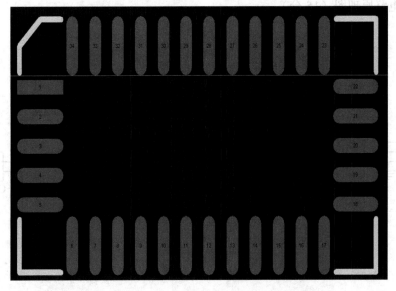

图 12-3　自制元器件封装 X6-12

六、PCB 图库操作（12 分）

1. 在第一题中建立的工程设计文件的 Documents 下新建一个 PCB 库文件，命名为"X6-12.lib"。

2. 在"X6-12.lib"中按图 12-3 自制元器件封装，命名为"X6-12"。

七、PCB 布局（12 分）

在第一题中建立的工程设计文件的 Documents 下导入考试素材库中的 Unit7\Y7-04.pcb 文件，并改名为"X7-04.pcb"，然后按图 12-4 图样调整和编辑元件。

要求：所有元件序号的字体高度为 96mil、宽度为 6mil；所有元件型号的字体高度为 85mil、宽度为 4mil；

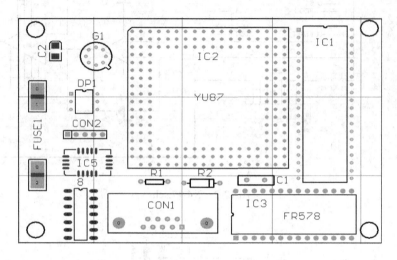

图 12-4　Y7-04.pcb

八、综合题（30 分）

1. 绘制电路原理图（15 分）

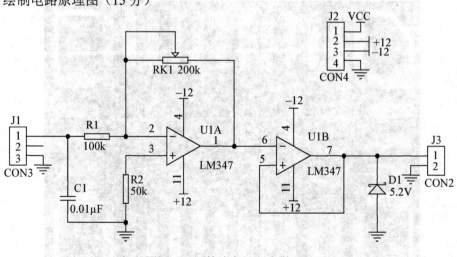

图 12-5　运算放大器电路原理图

在上面建立的 YF.Sch 文件中，按照样图(图 12-5)、元器件列表(表 12-1)绘制运算放大器电路原理图，检查无错误后保存，并生成网络表（YF.net）。

表 12-1 运算放大器电路元件表

样本名	序号	标称值	封装名
CAP	C1	0.01	RAD0.1
DIODE SCHOTTKY	D1	5.2V	SIP2
RES2	R2	50k	AXIAL0.3
RES2	R1	100k	AXIAL0.3
POT2	RK1	200k	VR5
CON2	J3	CON2	SIP2
CON3	J1	CON3	SIP3
CON4	J2	CON4	SIP4
LM124_NSC	U1	LF347	DIP14

2．绘制印制电路版图(15 分)

- 在第一题中建立的工程设计文件（XXX.ddb）的 Documents 下新建一个 PCB 图文件，命名为 YF.PCB 文档。
- 使用单面铜箔板，按图 12-6 所示尺寸进行绘图，加载网络表，按图中元件封装布局。
- 在机械层（Mechanical Layer1）画出四个定位孔（如图位置），定位孔半径为 80mil。
- 电源 VCC 和地线宽为 40mil，其他线宽为 20mil。
- 进行自动布线并保存。
- 将完成的 PCB 文件 YF.pcb 导出到考生文件夹内。

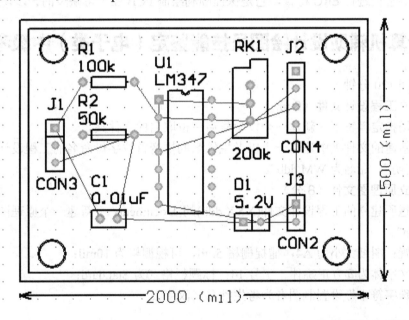

图 12-6 运算放大器电路印制电路板图

12.2 样题分析

此试卷为江苏省计算机辅助设计绘图员（电子类）职业资格全省统一鉴定的中级试题，下面对该样题进行分析。

（1）建立工程设计文件时，文件名需更改，但扩展名".ddb"不可改。

（2）建立原理图文件中，用"特殊字符串"设置标题和制图者。

（3）原理图库操作时，注意新元件的各引脚的放置方向。

（4）原理图的绘制中，工程设计文件的 Documents 下执行菜单命令【File】→【Import】或在空白处点击【右键】→【Import】可导入素材库中的文件。考试素材库在考试时会提供给考生。

（5）检查原理图即进行电气规则（ERC）检查，并将修改无误的 ERC 文件保存到工程设计文件的 Documents 中。

（6）PCB 图库操作中，自制元器件封装时，注意各焊盘颜色、个数、放置顺序及各焊盘间距离。

（7）元件序号即元件编号（Designator），修改其字体时只需左键双击任何一个元件编号，打开 Designator 对话框，并点击打开 Globe 选项卡，即可对所有元件序号的字体进行修改。元件型号即元件显示名称，又名标称值，修改其字体时只需左键双击任何一个元件显示名称，打开 Comment 对话框，并点击打开 Globe 选项卡，即可对所有元件型号的字体进行修改。

（8）综合题中的原理图绘制时，表格中的样本名即元件名称（Lib Ref），序号即元件编号（Designator），标称值即元件显示名称（Part Type），封装名即元件封装形式（Footprint）。注意各元器件一定要将封装名填写准确无误，为生成网络表和制作 PCB 做好准备。原理图绘制好后，不要忘记进行 ERC 检查，它是保证顺利绘制 PCB 图不可缺少的一步。

12.3 计算机辅助设计绘图员技能鉴定（电子类）中级考试样题

考试时间 120 分钟

一、建立工程设计文件（5分）

在本考场指定盘符下，新建一个以学号后三位取名的文件夹。

在上述新建的文件夹中建立一个以考生姓名的拼音首位字母命名的工程设计文件（数据库）。如"王明"，命名为 WM.ddb"。

二、建立原理图文件（8分）

在第一题所建立的工程设计文件(XXX.ddb)的 Documents 下新建一个原理图文件，取名为"GGL.sch"。

文件设置：图纸大小为 A4，捕捉栅格 5mil，可视栅格为 10mil；

系统中文字体为@方正姚体、字号 14；标题栏格式为 Standard；

用"特殊字符串"设置制图者为考生姓名（汉字）。

三、原理图库操作（10分）

1. 在第一题中建立的工程设计文件（XXX.ddb）的 Documents 下新建一个原理图库文件，命名为"Y3-1.lib"。

2. 在"Y3-1.lib"中建立下图 12-7 所示的新元件，命名为 Y3-1。

四、原理图的绘制（15分）

在第一题中建立的工程设计文件（XXX.ddb）的

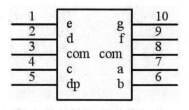

图 12-7　新元件 Y3-1

Documents 下导入素材库中 Unit3\Y3-09.sch 文件,并改名为"YLT204.sch"。

要求:按图 12-8 图样绘制原理图并保存。

对中文标号、端口、网络标号等,编辑其字体为"@方正姚体",大小为 14;

对英文标号、端口、网络标号等,编辑其字体为"@MS UI Gothic",大小为 14。

在原理图中插入文本框、输入文本"YLT204",字体为"@MingLiU",大小为 21。

五、检查原理图(8 分)

在第一题建立的工程设计文件(XXX.ddb)的 Documents 下导入素材库中 Unit4\Y4-02.sch 文件,并改名为"YLT-02.sch",对该图进行电气规则(ERC)检查。

1. 针对检查报告中的错误修改原理图,直到无错误为止。
2. 将最终的电气规则检查文件保存到(XXX.ddb)的 Documents 中命名为 YLT-02.erc。

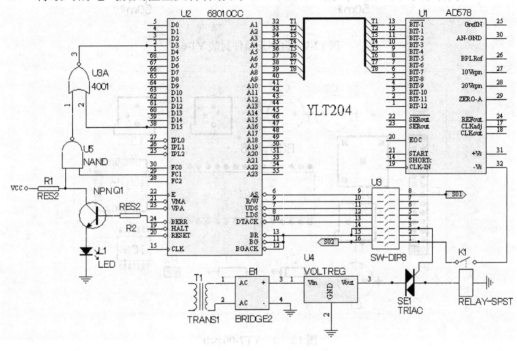

图 12-8 YLT204.sch

六、PCB 图库操作(12 分)

1. 在第一题中建立的工程设计文件(XXX.ddb)的 Documents 下新建一个 PCB 库文件,命名为"YT-6.lib"。

2. 在"YT-6.lib"中按图 12-9 自制元器件封装,命名为"YT-6"。

要求:弧,半径 28mil;线宽(顶层)为 12mil。焊盘,35mil;X 尺寸 72mil;Y 尺寸 72mil。顶层标注层导线宽:14mil。

七、PCB 布局 (12 分)

在第一题中建立的工程设计文件(XXX.ddb)的 Documents 下导入考试素材库中的 Unit7\Y7-07.pcb 文件,并改名为"YT7-06.pcb",然后按图 12-10 调整和编辑元件。

要求:所有元件序号的字体高度为 85mil、宽度为 3mil;所有 DIP 焊盘各层 X 尺寸为 68mil,各层 Y 尺寸为 68mil;

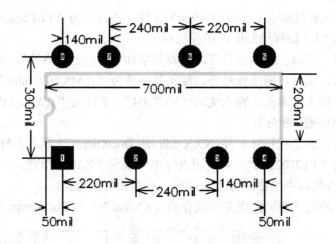

图 12-9 自制元器件封装 YT-6

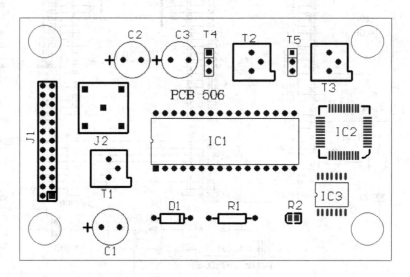

图 12-10 YT7-06.pcb

按照图 12-10 在 PCB 图中顶层插入字符串"PCB 506",高度为 98mil,宽度为 7mil。
按照图 12-10 在机械层 1 放置安装孔（Arc），半径为 180mil，线宽为 10mil。

八、综合题（30 分）

1. 绘制电路原理图（15 分）

在第二题中建立的 GGL.Sch 文件中，按照图 12-11、元器件列表 12-2 绘制（光隔离电路原理图），检查无错误后保存，并生成网路表（GGL.net）。

2. 绘制印制电路板图（15 分）

- 在第一题中建立的工程设计文件（XXX.ddb）的 Documents 下新建一个 PCB 图文件，命名为 GGL.PCB 文档。
- 使用单面铜箔板，按图 12-12 尺寸进行绘图，加载网络表，按图中元件封装布局。
- 电源 VCC 和地线宽为 40mil，其他线宽为 25mil。
- 进行自动布线并保存。
- 将完成的 PCB 文件 GGL.pcb 导出到考生文件夹内。

表 12-2 光隔离电路元件表

样本名	序号	标称值	封装名	说明
4N25	U1	4N25	DIP6	光耦
2N1893	Q1	2N2222	TO-92A	NPN 三极管
74LS14	U2	74LS14	DIP14	六施密特输入反相器
4093	U3	4093	DIP14	四-2 施密特输入与非门
RES2	R1,R2,R3,R4	1k, 2k, 5k, 3k	AXIAL0.3	电阻
CON2	J1	CON2	SIP2	连接器
CON3	J2	CON3	SIP3	连接器
4 HEADER	JP1	4 HEADER	FLY4	4 针连接器

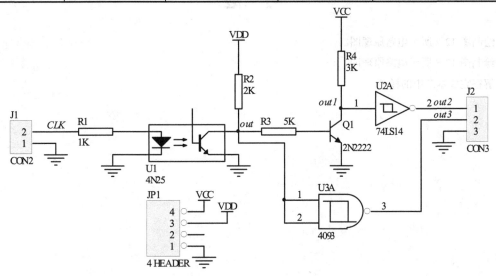

图 12-11 光隔离电路原理图

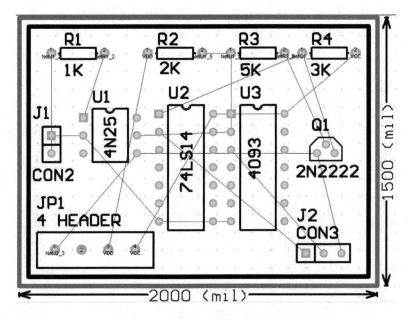

图 12-12 光隔离印制电路电路板图

本章小结

本章通过对江苏省计算机辅助设计绘图员（电子类）中级试卷的练习和分析，系统训练了学生的技能鉴定考证能力。还可以看出本书前面各章节中讲述的知识点详细明了，只要认真阅读和实践前十一章所讲内容，就能轻松做出本章所列中级试题。当然做题速度的提升还有赖于勤学多练，另外本章第三节中还提供了另一套中级样题给读者练习时使用。

习 题

12-1 绘制图 12-2 所示电路原理图。
12-2 绘制图 12-8 所示电路原理图。
12-3 解答完成本章中的样题。

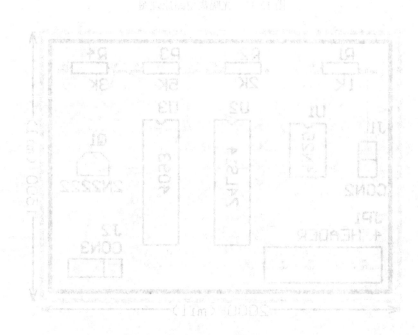

附录

附录 A 常用菜单英文–中文对照表

英文菜单名	对应中文菜单名	英文菜单名	对应中文菜单名
Add Component	添加元件	Center Horizontal	水平中心对齐
Add Sheet Entry	添加方块图入口	Center Vertical	垂直中心对齐
Add/Remove Library	添加/删除库	Clear	清除
Align	对齐	Close Design	关闭设计数据库
Align Bottom	底对齐	Close All	全部关闭
Align Left	左对齐	Command Status	命令状态栏
Align Right	右对齐	Connection	连接
Align Top	顶对齐	Coordinate	坐标
Annotate	编号	Copy	复制
Arc（Any Angle）	圆角弧	Copy Component	复制元件
Arc（Center）	圆心弧	Create Netlist	创建网络表
Arc（Edge）	边沿弧	Create Sheet From Symbol	由方块图生成原理图
Arcs	圆弧	Create Symbol From Sheet	由原理图生成方块图
Area	区域	Cross Reference	交叉参考表
Arrange Icons	排列图标	Current Origin	当前坐标
Auto Placement	自动放置	Customize	自定义
Auto Placer	自动布局	Cut	剪切
Auto Route	自动布线	Delete	删除
Absolute Origin	绝对原点	Deselect	撤销选择
Back Annotate	反向编号	Design Manager	设计管理器
Beziers	贝塞尔曲线	Design Rule Check	设计规则检查
Bills Of Materials	元件清单	Details	详细信息
Board Information	电路板信息	Dimension	尺寸标注
Border	边界	Directives	标识符
Browse Library	浏览元件库	Distribute Horizontally	水平平均分布
Bus	总线	Distribute Vertically	垂直平均分布
Bus Entry	总线入口	Net Label	网络标号
Cascade	级联	New	新建
Drag	拖动	New Component	新建元件
Drag Selection	拖动选中部分	New Design	新建设计数据库
Drag Track End	拖动连线端点	New Part	新建子元件
Drawing Tools	绘图工具栏	No ERC	忽略电气规则检测
Electrical Grid	电气栅格	Number	编号
Ellipses	椭圆	Open	打开
Elliptical Arc	椭圆弧	Open Full Project	打开整个项目
ERC	电气规则检查	Option	选项
Exit	退出	Origin	原点
Export	导出	Outside Area	区域外
Export To Spread	导出到电子表格	Pad	焊盘
File	文件	Page Setup	页面设置
Find Text	查找文本	Part	子元件
Find Next	查找下一个	Paste	粘贴
Fit All Objects	适合全部实体	Paste Array	阵列粘贴
Fit Document	适合文档	Paste Component	粘贴元件
Font	字体	Pause	暂停
Format	格式	PCB Layout	PCB 布线

续表

英文菜单名	对应中文菜单名	英文菜单名	对应中文菜单名
Help	帮助	Pin	引脚
Hole	通孔	PLD	可编程逻辑器件
Import	导入	Polygon Plane	多边形敷铜
Import Project	导入项目	Polygons	多边形
Increment Part Number	增加元件编号	Port	端口
Inside Area	区域内部	Power Objects	电源实体
Interactive Placement	交互式放置	Power Port	电源端口
Interactive Routing	交互式布线	Preferences	参数设置
Jump	跳转	Print/Preview	打印/预览
Jump To Error Marker	跳转到错误标记	Properties	属性
Line	线条	Re-Annotate	重新编号
Load Nets	载入网络表	Rectangle	矩形
Main Tools	主工具栏	Redo	重做
Measure Distance	测量距离	Wiring Tools	导线绘制工具栏
Move	移动	Zoom In	放大
Refresh	刷新	Zoom Out	缩小
Remove Component	删除元件		
Remove Part	删除子元件		
Rename	重命名		
Rename Component	重命名元件		
Reset Error Markers	删除错误标记		
Restart	重启		
Round Rectangle	圆角矩形		
Rules	规则		
Save All	全部保存		
Save As	另存为		
Set Reference	设置参考点		
Set Shove Depth	设置推挤深度		
Setup	设置		
Shove	推挤		
Show Hidden Pins	显示隐藏引脚		
Signal Integrity	信号完整性		
Snap Grid	捕捉栅格		
Status Bar	状态栏		
Stop Auto Placer	停止自动布局		
String	字符串		
Teardrop	泪滴		
Text Frame	文本框		
Tile	平铺		
Tile Horizontally	水平平铺		
Tile Vertically	垂直平铺		
Toggle Units	单位切换		
Undo	撤销		
Un-Route	撤销布线		
Update	更新		
Update Schematics	更新原理图		
Via	过孔		
View	视图		
Visible Grid	可视化栅格		
Wire	导线		

附录 B 分立元件库 Miscellaneous Device.lib 中部分元件说明

元件名称	中文名称	元件名称	中文名称
AND	与门	NAND	与非门
ANTENNA	天线	NOR	或非门
BATTERY	电池	NPN	NPN 型三极管
BELL	电铃	NPN-PHOTO	NPN 型光敏三极管
BNC	同轴电缆接口	OPAMP	运算放大器
BRIDEG	整流桥	OPTOISO1、OPTOISO2	光耦
BUFFER	缓冲器	OR	或门
BUZZER	蜂鸣器	PHOTO	光敏二极管
CAP	无极性电容	PLUG	插头
CAPVAR	可变电容	PNP	PNP 型三极管
CON	接口	PNP-PHOTO	PNP 型光敏三极管
CRYSTAL	晶振	POT2	滑动变阻器
DB	并行接口	RES2	电阻
DIODE	二极管	RES4	可变电阻
DIODE SCHOTTOR	稳压二极管	RESISTOR BRIDGE	电阻桥
DIODE VARACTOR	变容二极管	RESPACK	电阻排
DPY_7_SEG	7 段数码管	SCR	晶闸管
DPY_7_SEG_DP	7 段数码管（带小数点）	SOCKET	插座
ELECTR01	电解电容 01	SPEAKER	扬声器
ELECTR02	电解电容 02	SW_PB	按钮
INDUCTOR	电感	TRANS1	变压器
JFET N	N 沟道场效应管	TRANS2	可调变压器
JFET P	P 沟道场效应管	TRIODE	电子管
LAMP	灯泡	TRIAC	可控硅
LED	发光二极管	XNOR	同或门
MICROPHONE	麦克风	XOR	异或门
MOSFET	MOS 管	ZENER	齐纳二极管

附录 C 常用元件封装

元件	封装名称	封装示意图	封装库	说明
电阻	AXIALxx			
无极性电容	RADxx			封装中的 xx 代表元件封装中两焊盘之间的距离,单位为 mil
电解电容	RBx/x			
二极管	DIODExx			
三极管	TO-3		PCB Footprints.lib	
三极管	TO-5			封装中的数字表示不同封装形式的三极管
	TO-92A			
	TO-92B			
三极管	TO-220		PCB Footprints.lib	封装中的数字表示不同封装形式的三极管
单列直插集成元件	SIP4			
双列直插集成元件	DIP4		PCB Footprints.lib	封装名称中的数值表示集成元件的引脚总数

附录 D 计算机辅助设计绘图员技能鉴定（中级）考试大纲

一、适用对象
1. 中、高等职业院校电子、电气、机电一体化、自动化、计算机硬件等专业学生。
2. 从事电子电路绘图设计的技术人员。

二、申报条件
1. 文化程度：就读于中等职业学校、高职院校学生或从事本工种工作人员。
2. 身体状况：健康。

三、鉴定方式
技能：实际操作。

四、考生与考评员比例
技能：15∶1

五、考试要求
考试时间：3 小时，满分 100 分，60 分及以上为及格。

六、考试环境——计算机配置
1. 基本硬件配置。CPU：PentiumII 以上；内存：64MB 以上、显示器（分辨率：1024×768 以上，颜色 256 色）；硬盘：300MB 以上。
2. 软件配置。操作系统：Windows 98/Me/NT/XP/2000；辅助设计软件：Protel 99SE。

七、鉴定内容（操作技能）（比重 100%）
1. 文件管理（比重：5%）
   （1）指定盘符下，文件夹的新建。
   （2）工程数据库文件的建立（*.ddb）。
   （3）建立工程数据库文件的内部文件。
   （4）文件的打开、保存、关闭、复制、移动、重命名、删除等操作。
2. 原理图的设计与绘制（比重：46%）
   （1）在工程中建立电路原理图的设计文档（*.sch）。
   （2）电路原理图的设计环境设置（打开工具栏、图纸大小、方向、标题栏的设计及内容填写、图纸栅格的大小）。
   （3）原理图元件库的加载和元件的查找。
   （4）元件的放置和调整（元件的选取、点取、旋转、翻转、移动、复制、删除等操作）。
   （5）元件属性设置（标号、标称值、封装号、显示、隐藏等属性）。
   （6）电路绘制基本技术（布线工具的使用、绘制导线、放置节点、放置电源和接地、放置文字、绘制总线、放置网络标号、放置电路端口等）。
   （7）电路原理图的绘制（包含分立元件、集成电路、总线、网络标号、电路端口等部件的电路）。
   （8）网络表和元件列表文件的创建。
   （9）对电路图进行电气规则（ERC）检查。
3. 原理图库操作（比重：10%）
   （1）元件库的（*.lib）建立。

（2）元件库编辑器画图工具的使用。
（3）分立元件、集成电路图形的绘制。

4．PCB（印制板）图的设计与绘制（比重：27%）
（1）在工程中建立 PCB 图的设计文档（*.pcb）。
（2）印制板尺寸大小的设置。
（3）印制板工作层的设置。
（4）元件封装库的加载。
（5）元件封装的放置调整。
（6）元件标注文字的调整。
（7）文字的放置与调整。
（8）原理图元件与元件封装管脚焊盘的一致性。
（9）元件自动布局和手工调整布局。
（10）元件自动布线和手工调整布线。
（11）对指定连线设置线宽。

5．PCB 图库操作（比重：12%）
（1）元件封装库的建立（*.lib）。
（2）元件封装编辑器画图工具的使用。
（3）按给定尺寸绘制元件封装图形。

附录 E 无线电装接工中级操作技能考核试卷

一、课题名称

电压检测控制电路的安装与调试。

二、功能及基本工作原理

本课题通过调节 RP 模拟被测电压的变化，通过控制电路控制信号灯及发光二极管的亮和灭。

本电路由变压器降压、半波整流及电容滤波提供直流电源。晶体管 V1 等元件组成电压检测电路，集成电路 555 构成自激振荡器，为双向可控硅 V2 提供导通信号。当图 2-1 中 A 点电位低于某值时，晶体管 V1 截止，VD3 截止。555 产生自激振荡信号（频率较高以便触发 V2），VD4、VD5 同时发光，双向可控硅 V2 被触发导通，指示灯 HL 亮。如 A 点电位高于某值，使 V1 导通，则 VD3 导通，555 停振，此时 VD5 亮，VD4 不亮，IC3 脚维持高电位。但由于 C4 的作用，V2 不能被触发导通，HL 熄灭。

三、装配要求和方法

1. 电阻、二极管（发光二极管除外）均采用水平时安装，需贴近印制板。
2. 晶体三极管、可控硅、发光二极管、电容器采用直立式安装，管底面离印制板 6mm±2mm。
3. 微调电位器装配时不能倾斜，三只脚均要焊牢。
4. 所有插入焊盘孔的元器件引线均采用直脚焊形式，剪脚留头在焊面以上 1mm±0.5mm。
5. 未述之处均按常规工艺。

四、调试要求和方法

1. 按原理图对照装配图正确安装元器件。
2. 通电前特别注意电源部分是否正确！220V 电源线是否安全。
3. 检查无误后通电调试，调节 RP 使 VD4、VD5、HL 均发光，并且当用镊子短路 R1 时能使 VD4、HL 熄灭，此时 VD5 发光。

五、考试时间：100 分钟

六、电路原理图

如图 2-1 所示。

七、装配图

装配图请参阅第 6 章的图 6-1（电压检测控制电路 PCB 图）。

八、配套明细表

附表 E-1 配套明细表

代号	名称	规格	代号	名称	规格
R1	电阻器	5.1 kΩ	C3	涤纶电容	0.01 μF
R2	电阻器	2.7 kΩ	C4	涤纶电容	0.033 μF
R3	电阻器	10 kΩ	VD1	二极管	IN4001
R4	电阻器	5.6 kΩ	VD2	稳压管	3V
R5	电阻器	1 kΩ	VD3	二极管	IN4148
R6	电阻器	5.6 kΩ	VD4	发光管	绿
R7	电阻器	680 Ω	VD5	发光管	红
R8	电阻器	680 Ω	V1	三极管	2N9014
R9	电阻器	3.3 kΩ	V2	双向可控硅	97A6
R10	电阻器	51 Ω	IC	集成电路	555
RP	电位器	5 kΩ	HL	指示灯	6.3V
C1	电解电容	100 μF		电路板	
C2	涤纶电容	0.033 μF		变压器	220/7.5

九、评分标准

附表 E-2 评分标准

项目	配分	工艺标准	扣分标准	扣分
插件	30	电阻、二极管卧式安装，二极管字应朝上。插件高度：电容器底面离印制板高度小于 4mm，三极管高度 6mm，发光管高度 6mm，集成块座应插到底	1.错装、漏装每只扣 3 分； 2.元件高度超差每只扣 1 分； 3.元件歪斜不规范每只扣 1 分	
焊接	30	焊点光亮，焊料量，无虚焊、漏焊、搭锡、铜箔脱落，剪脚留头在焊面以上 0.5~1.5mm	1.虚焊、漏焊、搭锡、溅锡每处扣 2 分； 2.印制板铜箔起翘每处扣 3 分； 3.焊点毛刺、不光亮、不完整每处扣 1 分； 4.用锡量过多、过少每处扣 1 分； 5.留脚长度超差每处扣 1 分； 6.其他装配件焊点不合要求每处扣 1 分	
装配	20	装配整齐，变压器连接线长度适当，导线剥头长度符合工艺要求，绝缘层不烫伤，紧固件装配牢固，电源线装配应规范。连接位置正确	1.错装、漏装每只扣 3 分； 2.导线剥头长度超差每处扣 1 分； 3.紧固件松动每处扣 1 分； 4.电源线安装不规范扣 5 分； 5.元器件引线烫伤每处扣 2 分； 6.连接位置错误扣 3 分	
功能	20	接通电源，直流电压正常。调节电位器应能使 VD4、VD5、HL 均发光；短路 R1 时能使 VD4、HL 熄灭	1.电源不正常扣 5 分； 2.电位器调节不正常扣 5 分； 3.VD4、VD5、HL 工作不正常扣 3 分	
备注	1.考生在开始考试的前 30 分钟内发现元件损坏或短缺，可请监考老师予以调换或补发。超过 30 分钟凡调换元件一律作损坏元件处理，每只扣 2~5 分。另外，检查元件时将好元件判坏要求调换也要扣分。 2.违反考场纪律、安全文明操作规程扣 2~10 分。			

附录 F 无线电调试工中级操作技能考核试卷

一、课题
OTL 功率放大器频响特性测试。

二、设备清单
1. 双踪示波器 1 台
2. 数字式万用表 1 只
3. 双路稳压电源（0～30V） 1 台
4. 函数信号发生器 1 台
5. 交流毫伏表 1 台
6. 频率计 1 台
7. 铅笔 1 支
8. 圆珠笔 1 支
9. 尺 1 把
10. 其他常用电子组装工具

三、工时
2 小时。

四、电路方框图

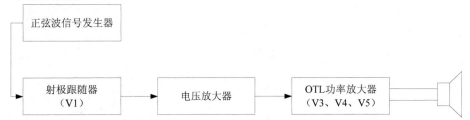

五、工作原理简介
由函数发生器产生功率为 1kHz，幅度为 30mV 的正弦波信号，经射极跟随器 V1 后输入电压放大器 V2 将信号放大。偏置电阻 R4 接在集电极，以获得稳定的工作点（负反馈），V3、V4、V5 组成 OTL 功率放大器，V3 为推动级、V4、V5 为互补对称电路。静态时，两管特性相近，每管压降应为电源电压的 1/2，输出电容 C6 不仅起耦合作用，而且利用其上的电压（1/2Vcc）充当 V5 导通时的电源，因此 C6 容量很大。电阻 R6 是 V4、V5 的静态偏置电阻以克服交越失真，R5、C5 组成自举电路，以提高输出电压幅度。输入信号经推动放大后的输出信号通过讯响器发出声音，最大输出不失真功率 1W。

六、调试工艺要求
1. 中点电压调试指标

当 U_i=0V 时，U_o=0V，调节相关元件使中点电压 U_z=1/2Vcc。

2. 电压增益测试

当输入信号 f=315Hz 时，OTL 功率放大器输出最大不失真功率为 1W 时，此时的电路电压增益值。

3. 交越失真曲线测试

当 U_i=10mV（P-P 值）、f=1kHz 时的条件下，测试放大器输出端交越失真曲线，并绘制曲线。

4. OTL 功率放大器频响特性曲线测试

当保持 U_i=10mV（P-P 值）的条件下，将输入信号 f=315Hz 时作为 0dB，改变输入信号的频率，将测试数据记载于测试报告，并绘制频响特性曲线。

七、绘制电路原理图

见第 6 章上机实训。

八、测试报告

附录 G　全国职业技能大赛（电子产品装配与调试项目）电子 CAD 绘图部分考核试卷

使用电子 CAD 软件绘制电路原理图和 PCB 图（本大项分 2 项，第 1 项 7 分，第 2 项 8 分，共 15 分）。

说明：选手在 D 盘根目录上以工位号为名建立文件夹（ｘｘ 为选手工位号，只去后两位），选手竞赛所得的所有文件均存在该文件夹中。各文件的主文件名包括：

工程库文件：ｘｘ.prjpcb
原理图文件：Schｘｘ.schdoc
原理图元件库文件：Schibｘｘ.schlib
PCB 图文件：Pcbｘｘ.pcbdoc
原件分装库文件：Plibｘｘ.pcblib

如果选手保存文件的路径不对或没有填写工位号，则不给分。

1. 绘制电路原理图（本项目分 2 小项，第①项 2 分，第②项 5 分，共 7 分）。

要求：在附图的基础上，选手根据已经连接的创新实训模块与接线，使用电子 CAD 软件，绘制正确的电路原理图。

① 在 A4 图纸右下角绘制表 G-1 所示的标题栏，并填写表中内容文字（题号填写本项目书项目号）。

表 G-1　标题栏

50	100	30	70	50	70
选手姓名		性别		出生日期	
工位号		题号		竞赛日期	
比赛名称		备注			
赛场地点					

（左侧标注：4×20=80）

评价参考：能绘制表格（得 1 分），填写表格中文字（得 1 分）。

② 绘制电路图。（5 分）

评价参考：能正确绘制电路图的得 5 分。缺一个元器件扣 0.25 分（不再扣该元器件的连线分），缺一连线扣 0.25 分。最多扣 5 分。

2. 绘制 PCB 图（本项目共分 4 小项，第①项 3 分，第②项 1 分，第③项 2 分，第④项 2 分，共 8 分）。

要求：在附图的基础上，选手根据已经连接的创新实训模块与接线，使用电子 CAD 软件，正确绘制 PCB 图。

① 采用创新模块中元器件的封装。图中所有的电阻封装脚距为 500 mil，创新模块中电位器实际尺寸是 25 mm×25 mm。

评价参考：漏或错误的元器件，每个扣 0.25 分。特别注意的是电源扣线座、电位器和输出端（u_{o1}、u_o）的绘制。

② 电路板尺寸：50mm×40mm。

评价参考：按电路板尺寸要求的得 1 分，否则不得分。

③ 所有元器件均放置在 Top Layer。电源线和地线宽为 40 mil，其他线宽为 10 mil，均放在 Bottom Layer。

评价参考：符合要求的得 2 分，线宽不符合要求，每种扣 0.25 分，最多扣 1 分。元器件位置放置不符合要求扣 1 分。

④ 完成布线，并对布线进行优化调整。

评价参考：基本合理布线的得 2 分，一种线条不规范的扣 0.25 分，最多扣 1 分。

参考文献

[1] 缪晓中. 电子 CAD- Protel 99SE. 北京：化学工业出版社，2009.
[2] 任富民. 电子 CAD-Protel DXP2004 SP2 电路设计.第 2 版. 北京：电子工业出版社，2012.
[3] 雍杨，陈晓鸽.Altium Designer09 电路设计标准教程. 北京：科学出版社，2009.
[4] Altium 公司培训技术资料. 上海：网址 http:// www. altium com.cn.

参考文献

[1] 钟日铭. 活学 CAD—中文 SSCE. 北京: 中国水利出版社, 2009.
[2] 姜勇 等. CAD-Inoul DXF2007 SP2. 北京机械工业 2版. 北京 电子工业出版社, 2012
[3] 王红岩, 戎亮星. AutoCAD经典学习 机械制图与实例精讲. 北京: 清华出版社. 2005.
[4] Aliens 公司网. 所有产品官网. http://www.aliens.com.cn